武汉纺织大学学术著作出版基金资助出版

天赋理论
最新发展研究

■ 李艳鸽 / 著

武汉纺织大学人文社科文库（第三辑）

中国社会科学出版社

图书在版编目(CIP)数据

天赋理论最新发展研究/李艳鸽著.—北京:中国社会科学出版社,2015.3
ISBN 978 - 7 - 5161 - 5802 - 9

Ⅰ.①天… Ⅱ.①李… Ⅲ.①心灵学—研究 Ⅳ.①B846

中国版本图书馆 CIP 数据核字(2015)第 070913 号

出 版 人 赵剑英
责任编辑 田 文
特约编辑 陈 林
责任校对 石春梅
责任印制 王 超

出 版 中国社会科学出版社
社 址 北京鼓楼西大街甲 158 号
邮 编 100720
网 址 http://www.csspw.cn
发 行 部 010 - 84083685
门 市 部 010 - 84029450
经 销 新华书店及其他书店

印 刷 北京市大兴区新魏印刷厂
装 订 廊坊市广阳区广增装订厂
版 次 2015 年 3 月第 1 版
印 次 2015 年 3 月第 1 次印刷

开 本 710×1000 1/16
印 张 16.25
插 页 2
字 数 266 千字
定 价 49.00 元

目　　录

绪　论 ……………………………………………………………… （1）

第一节　天赋理论最新发展的研究意义与一般进程 ………… （2）

　　一　天赋理论最新发展的研究意义 ……………………… （2）

　　二　天赋理论最新发展的一般进程 ……………………… （4）

第二节　天赋理论最新发展的研究目的与内容 …………… （8）

　　一　研究目的 ……………………………………………… （8）

　　二　研究内容 ……………………………………………… （9）

第三节　天赋理论最新发展的研究思路与方法 …………… （11）

　　一　基本思路 ……………………………………………… （11）

　　二　研究方法 ……………………………………………… （11）

第一章　概念辨析与天赋理论的种类 ……………………… （13）

第一节　天赋理论相关概念 ………………………………… （14）

　　一　天赋论与先验论、唯心论 …………………………… （14）

　　二　天赋论与理性主义或唯理论 ………………………… （18）

　　三　天赋论与本能论、遗传决定论 ……………………… （20）

　　四　天赋论与先天、后天 ………………………………… （25）

　　五　天赋论与天才 ………………………………………… （28）

第二节 "天赋"概念理解的不同走向 …………………… (30)

　一　"天赋"的常识理解 ……………………………… (30)

　二　"天赋"的生物学理解 …………………………… (32)

　三　"天赋"的认知科学理解 ………………………… (32)

第三节 天赋理论的种类 ……………………………………… (34)

　一　按发展阶段分类 ………………………………… (35)

　二　按天赋所指分类 ………………………………… (36)

　三　按认知模型分类 ………………………………… (36)

　四　按学科领域分类 ………………………………… (37)

　五　按词源词义划分 ………………………………… (38)

　六　按认知科学研究纲领分类 ……………………… (40)

第二章　天赋理论的历史溯源 …………………………………… (42)

第一节 西方天赋观念论的历史演变 ………………………… (43)

　一　柏拉图的天赋观念论 …………………………… (43)

　二　笛卡尔的天赋观念论 …………………………… (46)

　三　斯宾诺莎的天赋观念论 ………………………… (49)

　四　莱布尼茨的天赋观念论 ………………………… (51)

　五　康德的天赋观念论 ……………………………… (53)

第二节 东方天赋论思想的历史渊源 ………………………… (55)

　一　先秦时期的天赋论思想 ………………………… (55)

　二　秦汉及后来的天赋论思想 ……………………… (58)

第三章　佛教唯识学中的天赋理论 ……………………………… (62)

第一节 唯识"八识"说与"识分说" ……………………… (63)

　一　唯识"八识"说 ………………………………… (63)

　二　唯识"识分说" ………………………………… (65)

第二节 唯识"种子"说与"新熏说" ……………………… (67)

一　唯识"种子"说 …………………………………………（67）

二　唯识"新熏说" …………………………………………（69）

第三节　西方心灵哲学框架下看佛教唯识学 ……………（70）

一　唯识学与西方心灵哲学的比较 ………………………（71）

二　唯识学与现象学的意识理论比较 ……………………（73）

第四章　当代天赋理论发展趋势与特点 ……………………（81）

第一节　当代天赋理论的复兴 ……………………………（82）

第二节　当代天赋理论的特点 ……………………………（84）

第三节　当代天赋理论的走向 ……………………………（85）

第五章　计算主义视野下的天赋理论 ………………………（87）

第一节　什么是计算主义 …………………………………（87）

一　经典计算主义 …………………………………………（89）

二　新计算主义 ……………………………………………（93）

三　联结主义 ………………………………………………（98）

第二节　符号主义范式下的语言天赋理论 ………………（104）

一　句法基本结构原理 ……………………………………（107）

二　语言知识获得模型 ……………………………………（109）

三　语言进程模块化 ………………………………………（111）

四　语言输入假设 …………………………………………（113）

五　语言进化假说 …………………………………………（117）

第三节　新计算主义范式下的模块天赋理论 ……………（119）

一　福多的心理模块性 ……………………………………（120）

二　温和模块性 ……………………………………………（126）

三　泛模块性 ………………………………………………（129）

四　反模块性 ………………………………………………（133）

第四节　联结主义范式下的基因天赋理论 ………………（137）

一 联结主义对天赋理论的发展 …………………………（138）

二 基因决定论 ………………………………………………（142）

三 来自神经科学的论据 ……………………………………（144）

四 来自知识科学的论据 ……………………………………（149）

五 联结主义的难题 …………………………………………（151）

第六章 目的论视野下的进化天赋理论 ………………………（155）

第一节 新目的论的内涵与特点 ………………………………（156）

第二节 目的论解释下的动物天赋心理 ………………………（163）

第三节 进化认识论 ……………………………………………（168）

一 人类的进化 ………………………………………………（169）

二 大脑的进化 ………………………………………………（171）

三 文化的进化 ………………………………………………（177）

第七章 折中性视野下的天赋理论 ……………………………（179）

第一节 具身—能动范式下的新综合论 ………………………（179）

一 具身认知论 ………………………………………………（180）

二 "先天经由后天" …………………………………………（182）

三 理论—生成论 ……………………………………………（183）

四 威尔逊的宽计算主义 ……………………………………（186）

第二节 天赋理论的自然主义走向 ……………………………（188）

一 先天后天的辩证互动 ……………………………………（188）

二 心脑问题的微位假说 ……………………………………（190）

三 塞尔的"生物学自然主义" ……………………………（193）

四 瓦雷拉的生成认知观 ……………………………………（194）

第三节 概念起源问题上的新综合论 …………………………（196）

一 概念起源的天赋理论 ……………………………………（196）

二 普林兹等人的综合性理论 ………………………………（198）

第八章　马恩经典著作有关天赋思想的重新解读 ················· （200）

　第一节　马克思主义经典作家论天赋 ················· （200）

　第二节　马克思主义哲学对传统天赋论的批判与借鉴 ······ （202）

　　一　思维和存在的关系 ················· （202）

　　二　时空观和运动观 ················· （204）

　　三　生命的起源与本质 ················· （206）

　　四　真理观和平等问题 ················· （207）

　　五　认识的天赋形式 ················· （208）

第九章　当代天赋理论合理因素与马克思主义哲学的融合

互补 ················· （210）

　第一节　马克思主义认识论的困境 ················· （210）

　　一　观察的客观性问题 ················· （210）

　　二　能动的反应如何实现 ················· （212）

　　三　主客体如何相互作用 ················· （214）

　第二节　借鉴天赋理论当代发展的合理因素丰富和发展

　　　　　马克思主义哲学 ················· （215）

　　一　语言天赋理论对传统语言观的发展 ················· （215）

　　二　模块理论对科学客观性的解答 ················· （216）

　　三　进化认识论对意识来源的深化 ················· （218）

　　四　知识科学对能动的反映方式的探讨 ················· （218）

　　五　具身认知论对主客体相互作用方式的回答 ········ （219）

第十章　当代天赋理论的反思与启示 ················· （220）

　第一节　对当代天赋理论的批判 ················· （220）

　　一　来自哲学内部的责难 ················· （221）

　　二　来自反天赋论者的威胁 ················· （225）

第二节　当代天赋理论存在的缺陷 …………………………（226）

第三节　当代天赋理论的合理性启示 ………………………（229）

　　一　对自然科学的启示 …………………………………（229）

　　二　对现代教育的启示 …………………………………（230）

主要参考文献 ………………………………………………（235）

后　记 ………………………………………………………（248）

绪　　论

天赋论（Nativism）是西方哲学史上一个历史悠久的认识理论，也是一个争论性强的话题。为了以示区别，在现代西方文献资料中用"Innatism"表示现代以前的天赋论，用"Nativism"表示当代天赋论。"Innatism"一般认为是上帝之类的存在将天赋观念放入人的心灵之中，并假设从一出生全知全能的上帝就将其印在心灵的。而"Nativism"则借助进化论、遗传学等现代科学，主张天赋观念是人具有的某些基因型的表现，因此天赋性的根本问题不是有无之争，而是一个程度问题。当代天赋理论研究无论是广度还是深度上都是以往天赋论无法企及的。首先从广度上讲，对天赋理论的讨论可以说涵盖了所有的领域，从心理学、语言学到动物行动学、神经科学，从伦理学到计算科学等。从研究的深度来看，不仅研究知识的来源和条件问题，而且关注天赋的结构和机能等问题。参与天赋论讨论的人不再局限于哲学家本身，而是扩展到哲学界以外的科学家和社会学家等。在学术上，天赋论是一个相互辩驳的话题。但其逐渐成为"认知科学内部公认的观点"。[1] 在很多认知科学家那里，天赋论已经成为了课题研究

---

① R. Matthews，"The case for Linguistic Nativism"，In：Stainton R. J.，*Contemporary Debate in Cognitive Science*，Malden，MA：Blackwell Publishing，2006，p. 81.

的一个逻辑起点。不过不同的认知科学理论对天赋论的认识也是大相径庭的。不同研究视野下的天赋理论形式有各自的解释优势，也有无法解决的难题。

对天赋理论的合理要素的吸收不仅仅是哲学的专利，也是其他学科创新的途径。其理论难题的解决既要借助于多学科的最新成果，也要扩充自身理论的解释力度。西方哲学、东方哲学和马克思主义哲学在文化背景、思维模式、理论风格上迥然不同，但可以在互相的碰撞、交锋、商谈和沟通中实现融合。因此有必要考察它们各自的天赋思想脉络，实现三者之间的互动对话，从而推动天赋理论的发展和马克思主义哲学的现代化。

第一节　天赋理论最新发展的研究意义与一般进程

纵观天赋论的当代发展，国内的理论创新明显落后于欧美。对天赋论特别是现当代天赋论的最新发展，国内也有介绍和研究，但还没有引起足够的重视。鉴于西方现当代天赋理论取得的长足发展，国内所知其少，有必要全面系统考察其发展状况、趋势走向、研究内容、焦点难点及特点，梳理研究成果以推动理论创新。

一　天赋理论最新发展的研究意义

天赋理论一度被作为马克思主义认识论的对立面加以批判与否定。然而，马克思主义经典作家即使对传统天赋理论作了有力批判，但充分肯定了认识的天赋形式。那种简单地将天赋论归于唯心主义，将经验论归于唯物主义的做法是有害的。这不但使人的思维刻板僵化，而且不利于理论创新。

（一）理论意义

第一，有助于及时了解国外天赋理论最新发展状况。反思天赋论思想以及相反的观点是非常重要的，因为最极端的经验论者也不得不承认存在着先天特殊认知机制，最极端的天赋论者也必须承认环境的影响。由于某些历史偏见，国内对天赋及其理论要么否定要么不理会，所以天赋理论研究并不积极，特别是对国外当代天赋理论的最新成果更是少有涉足。然而只有及时了解西方天赋理论动态，才能有意识地发展东方天赋理论，探索理论发展新方向。

第二，有助于全面把握西方哲学发展脉搏。系统考察现当代天赋理论的过程就是对整个西方哲学的微探索，因为天赋理论不是一个单线的理论主张而是涉及整个西方心灵哲学、西方哲学乃至现代科学。天赋理论是在整个西方哲学体系之下发展起来的，而最新理论成果又成为西方哲学发展生长点。

第三，有助于丰富和发展马克思主义哲学。马克思主义哲学在本体论、认识论尤其是意识论上有无法解决的难题，现当代天赋理论从独特的视角开阔了马克思主义哲学研究领域，并能在某些问题上找到合理解释。天赋理论研究最新成果与马克思主义哲学的融合无疑会推动马克思主义哲学向纵深发展。不断地对自然科学、思维科学等最新理论成果进行批判与吸收，以丰富和深化自己的理论内容及形式，是哲学现代化的本质要求，也是马克思主义认识论纵深发展的需要。

（二）实践意义

第一，有助于推进天赋教育。教育不是"人之初，如玉璞，性与情，俱可塑"，因为人生来不是白板可以随意雕塑，是有先天基础的。性与情在某些方面由先天生理因素比如遗传等决定，不是后天教育可以塑造的。如果教育思想老套，就可能不顾个体差异模式化要求，也可能使一部分不合常规的学生受到不公正的待遇，不利于创造性人才培养。天赋教育则能更好地因材施教，无差别地成长。

第二，有助于化解知识能力之争。天赋论认为没有一定的知识，包括基本的生理基础、时空概念等，就不可能有能力。因此，学习中应强调知识的积累，范式的拓展，而不是一味强调能力。知识就是能力的体现，知识结构的广延限制能力的范围。

第三，有助于创新人工智能研究范式。人工智能的哲学基础是计算主义、新机械论，但还无法超越传统，实现对人类智能的真实模拟。天赋理论对于智能标准的确定可以作为一种新方法，为人工智能研究带来生机。

二 天赋理论最新发展的一般进程

在西方哲学史上，心灵的天赋论表现为三个典型形式：柏拉图的"回忆说"、理性主义者17、18世纪天赋论的辩护和当代认知科学天赋论的复兴。在东方哲学史上，虽然没有相应的天赋理论流派，但哲学家们的论著中蕴含有丰富的天赋思想。

(一) 天赋理论发展历程

在古代，东方哲学和西方哲学各自沿着自己的路径发展，天赋理论或天赋观念都带有明显的东西方色彩。在东方，孔子的"生而知之"以及后人对此的阐述展开，将天赋引入道德修为，带有强烈的伦理学色彩。而佛学探讨智从何来时，也提出了天赋知识从我中寻找。在西方，最早提出天赋知识论的是古希腊哲学家柏拉图，他的"回忆说"认为知识是从天上掉下来的，是人的大脑所固有的。唯理论者认为认知主要来自理性，因此他们试图找到一种方法去解释理性知识比经验更基本。这样，就有了天赋观念和先验知识的概念。

随着世界步入近代，尤其是西方世界体系通过摧毁一切世界体系来维护其霸权的时候，西方哲学似乎成为哲学的代名词。这个时期天赋论的辩护与论证带有强烈西方色彩。17世纪法国著名哲学家笛卡尔是最先明确提出天赋观念概念的人，他的"潜存说"认为天赋观念是潜在的，只有在外部经验的影响下，潜在的观念才变成现实的观念。随后，德国哲学家莱布尼茨提出了"大理石花纹假说"，认为人的心灵是能动的，心灵是有花纹的大理石，花纹是大理石能雕成什么雕像的内在根据。康德受其影响，在探讨"先天综合判断何以可能"中得出结论，认为个人在认识的初始就具有一定的、在认识之前就已形成的认识形式。近代中国被迫打开国门后，西方哲学思想随之流入中国。国人在寻求国家出路的过程中，接触和引进了西方哲学思想，其中天赋论思想也稍有涉及。如严复翻译的《天演论》，就详细介绍了西方进化论思想。

而当世界步入现代，马克思主义理论在俄国的胜利，使得马克思主义哲学在世界范围内迅速传播，成为与西方哲学思潮抗衡的一种学说。人们在研究马克思主义哲学的同时研究西方哲学，两者在中国都受到了足够的重视。但自 1950 年以后，中国哲学界深受前苏联日丹诺夫关于哲学史的定义的影响，用阶级分析方法对待哲学，把哲学史看成是唯物论与唯心论相互斗争的历史。这个时期，西方哲学和中国哲学都成为马克思主义哲学批判的对象或提供例证的附庸。天赋论被贴上了西方哲学的标签，被马克思主义哲学所抛弃。而在 20 世纪 70 年代，大量的反对先验论的文章和书籍开始一致攻击天赋论。如《欧洲哲学史上的先验论和人性论批判》、《哲学史上的先验论》和《唯心论的先验论资料选编》等都是针对批修整风而编制的一批材料。基本观点是：用马克思主义实践观和认识论反驳天赋观，认为人的正确思想只能从社会实践中来，而不是人脑所固有的。因此这一时期对天赋理论几乎是一边倒的状态，天赋理论研究也几乎无人问津。

在东方与西方对立的这个时期，西方哲学迅猛发展。其中，天赋理论华丽变身，像复仇女神般强势回归，几乎冲击了所有的学科领域。现代脑科学、认知神经学、神经语言学、生物遗传学以及医疗科技发展的最新研究成果表明，人类的知识虽然不是先天就有的，但主体认识时先天因素起作用。传统天赋理论复兴后，表现出多种天赋论形式：

其一是计算主义范式下的语言天赋论。乔姆斯基的"普遍语法"、平克的"语言本能"和福多的"思想语言假说"都一致主张语言的某些特征具有普遍性，语言是我们天生能力的一部分，这是由人类所独有的基因所决定的。

其二是计算主义范式下的模块天赋论。以福多、卡米洛夫－史密斯、托比及科斯米德斯为代表的天赋模块论是在将人脑和计算机进行类比的基础上所提出的关于认知构架心理结构的理论。一般认为心理是由遗传上特化的、独立的功能模块所构成的。模块既是一个功能单元，也是一种计算单元，是信息封存的计算系统，具有推理机制。

其三是目的功能主义范式下的进化天赋论。西方进化心理学以及托比·科斯米德斯的演化心理学都无一不在论证：自然选择可以使基因有目的地行动。因此，一个人所表达的行为，不必直接与基因有关，但其底层的心理机制则一定可以。

其四是联结主义范式下的基因天赋论。计算机科学、量子力学以及脑科学的新发现促使了一门科学的诞生——知识科学。人类认知的扩展不是靠单纯的积累，而是需要扩充更多的结构。而认识的形式在人脑中是天生的，因此从人工智能走向人类智能还需要很长的路要走。

其五是具身—能动范式下的新综合论。当代天赋论有诸多的流派各有千秋，既有其合理性，又有其无法克服的理论缺陷。新综合论在吸取众家之长的前提下，辩证地融合先天与后天的关系，提出了一种综合性的理论框架。

(二) 当代天赋理论的研究现状

在国内，随着1978年底中国哲学界"芜湖会议"的召开，使得西方哲学重见天日，不再仅仅是马克思主义哲学的附庸，而是独立发展的学科。自20世纪80年代后期，对于以往所抛弃的天赋理论也没有嗤之以鼻而是逐渐重视起来。由于天赋理论的多学科性、交叉性、分散性等特点，哲学界、心理学界、语言教育学界以及生物学界等都从自身领域出发探讨天赋理论。比如高新民教授在《人自身的宇宙之谜——西方心身学说发展概论》一书中，研究西方心身问题发展过程史时，对原始人的灵魂观念和前当代天赋论思想及现当代天赋理论表现形式做了述评。魏屹东教授在《认知科学哲学问题研究》中从认知科学的角度，分析了笛卡尔、洛克、莱布尼茨、休谟、康德、孔狄亚克、怀特海、维特根斯坦、波普、海德格尔、皮亚杰、福多、普特南等人的认知科学思想，并探讨认知建构论和心理模块论。曹剑波教授对天赋理论的发展脉络进行了梳理，并阐发了先验论的合理因素。熊哲宏和田平两位教授分别对模块性及泛模块性进行了专门研究。姚鹏和冯俊两位先生着眼于笛卡尔天赋思想研究，系统辩证地阐述了笛卡尔天赋思想的含义、理论基础及其哲学基础，以及天赋论之争对于整个外国哲学的影响等。徐烈炯、蔡曙山、陈嘉映、刘小涛、李侠等诸先生对乔姆斯基及平克等语言天赋思想尤其是生成语法理论、学习理论论证与模块性假设的关系等进行深入研究。虽然天赋问题研究有了一定发展，并呈现出多学科性、交叉性、分散性等特点，但是仍然缺乏整体把握，需要进一步梳理规范。总之，成果丰硕，但也有遗憾。一是传统天赋理论研究较多，而当代天赋理论关注较少；二是学科局限性没有打破，研究领域有些窄；三是过于强调理论论证，科学事实论证较少。

在国外，先天与后天、天赋论与建构论是当代唯理论和经验论的争论焦点。西方心灵哲学一直关注这一论战，并将天赋理论的发展作为其研究课题，形成了各种形式的天赋理论。同时，很多学者对已有成果作出了反思总结性的研究。例如，斯蒂奇（S. Stich）主编的《天赋观念》囊括了天赋理论发展中的经典之作，既包括柏拉图的《美诺篇》、亚当斯对洛克与莱布尼茨、笛卡尔对洛克的经典评论，还包括乔姆斯基、古德曼、普特南、卡茨、哈曼、阿瑟顿等人围绕语言天赋论所展开的争论。考伊（Fiona Cowie）的《天赋论反思：什么在里面？》和埃尔曼（Jeffery L. Elman）等人的《天赋理论再思考》将天赋理论作为其主要内容予以专题研究和介绍。卡拉瑟斯（Peter Carruthers）等人的《天赋观念》三卷本更是对现当代天赋理论做了全面系统深入的考察。首卷"内容与结构"围绕天赋心灵结构对天赋思想作综合性评价，涉及如下几个问题：一是天赋的结构是什么？

什么样的能力、过程、表征、偏好和关系是天赋的？二是这些天赋因素在我们成熟的认知能力发展中起什么作用？三是这些因素哪些是动物与人类共享的？第二卷"文化与认知"关注文化与天赋心灵的相互作用，回答文化和天赋在多大程度上影响认知。主要涉及以下几个问题：一是如何理解我们的文化自我与生物自我的关系？二是成熟的认知能力是如何通过先天因素与文化相结合而获得的？三是心灵是如何产生文化的？文化是怎么由心灵加工的？第三卷"基础与未来"关注天赋理论的基本问题及天赋理论研究发展趋势。其中收录的问题有：是什么使得某种东西成为天赋的？天赋性与可遗传性、遗传信息以及认知发展理论等是如何联系的？支持和反对天赋论的论证有何地位？如何更好地理解基因在发展和继承中的作用？还有很多百科全书、心灵哲学和认知科学文选当中都把天赋理论作为其重要内容进行收录。另外很多哲学家、心理学家及语言学家等也直接或间接参与了这场论战，天赋问题成为多学科关注的焦点。西方学者围绕天赋理论的研究大多是关注各自的理论，整合论证及反向研究较少，而利用当代天赋理论的合理性弥补马克思主义哲学研究中的薄弱环节更是不可能。

第二节　天赋理论最新发展的研究目的与内容

一　研究目的

一是澄清马克思主义在天赋问题上的认识，正本清源，还历史以本来面目。马克思主义有对天赋的部分肯定。其反映论有种系和个别之分，因此并不与对天赋的肯定相矛盾。

二是全面系统考察天赋理论当代发展的最新形式，从本体论、认识论、科学哲学、现代科学等多角度对已有天赋理论研究作梳理和分析，整合相关研究成果，对有关前沿和焦点问题作出新的思考和回应。

　　三是运用当代天赋理论最新成果解决认知科学背景下马克思主义认识论的困境，如观察的客观性问题、能动的反应如何实现、主客体如何相互作用等问题。

　　四是运用当代天赋理论对教育理论、学习理论以及发展理论重新解读，并最终促进天赋理论与马克思主义哲学的融合，丰富和发展马克思主义哲学。

二　研究内容

　　本书的研究将在参考借鉴国内外相关成果的基础上，对当代西方心灵哲学中的天赋理论进行全面深入的研究。研究的主要内容包括以下几个方面。

　　第一，天赋有关语词概念语义学、词源学研究。对天赋的词源以及理论类型分析，考察不同的理论背景下天赋的含义。另外对天赋、天赋观念、天生、天才、本能等相关概念进行语词研究，特别是弄清这些语词使用情况，澄清语词混乱。

　　第二，前当代天赋理论研究。对国内外前当代天赋理论的起源及其演化过程进行历史考察，并在此基础上把握当代西方天赋理论发展的总体脉络和发展趋势。

　　第三，当代天赋理论的最新发展趋势与特点研究。整体上把握当代天赋理论，主要分析当代天赋理论的最新研究趋势、理论历程及其特点，并重点考察当代天赋理论的焦点与热点问题。天赋理论研究中，当代天赋问题倾向于康德式的，不承认天赋是现存的知识，而是某种可能性的形式。因此当代天赋理论的焦点和热点是民间心理学的来源问题、思维语言、模块理论、基因、动物心理以及新目的论等。

　　第四，当代天赋理论研究的主要理论及其论证。以福多、卡米洛夫－史密斯、托比及科斯米德斯为代表的天赋模块论是在将人脑和计算机进行类比的基础上所提出的关于认知构架心理结构的理论，认为心理是由遗传上特化的、独立的功能模块所构成的；乔姆斯基的"普

法，追溯天赋理论的起源和演化过程及其相关论证。

第二，比较研究方法。采取多学科相结合的方法，进行横向纵向比较研究。天赋理论问题的研究，涉及多个学科领域，需要借鉴这些学科相关研究新成果，来完善天赋理论的研究。

第三，语言分析及辩证的方法。重视语言分析方法的运用，把唯物主义方法同实证方法、系统分析方法结合起来，以避免方法论上的片面和狭隘。运用辩证法对当代西方心灵哲学天赋理论价值进行新探索，探讨马克思主义认识论如何融合新的认识理论来解答马克思主义认识论上的困境。

第一章

概念辨析与天赋理论的种类

　　无论是传统天赋论还是现当代天赋理论，尽管理论形式多样，尽管学者们对天赋本身的理解不尽相同，但无一不承认有天赋。在他们看来：天赋应该是一个非常明确的概念，无须作过多阐述；天赋理论的多样性只是对天赋的解释不同，但不涉及其根本内涵；围绕天赋理论的各种争论仅仅是理解上或经验上的不统一，天赋概念本身是没问题的。不过随着语义分析学的发展以及天赋理论研究的深入，越来越多的人开始意识到天赋概念本身也有问题。更有甚者认为，天赋理论争论的根源就是概念的不明确。例如在《天赋观念》一书中，作者Stich 指出：什么是天赋观念呢？天赋观念支持者们认为这毫无疑问，他们认为天赋观念就是"天生的"或"非习得的"的近义词。反对者总是提出天赋观念理论究竟意味什么不明确，并且针对天赋理论逐一进行批判。但是天赋理论者们总说反天赋论者误解了天赋。因此要弄清楚这场争论，我们必须搞清楚天赋到底指的是什么。① 天赋理论之争的一个关键问题就是概念的明确，如果天赋概念模糊不定，争论就没有任何意义。因此天赋概念问题是天赋理论研究的首要任务。

---

　　① S. Stich, *Innate Ideas*, Berkeley: University of California Press, 1975, p. 1.

第一节　天赋理论相关概念

天赋假说在解释各种心理现象的过程中起到了一定的作用，但是这种假说本身是比较模糊的。天赋理论相关问题已经不是一个新鲜的概念，争论从一开始就存在，但从未得到正式的结论。随着时间的推移，争论的焦点和热点不断变化。现代高科技的高速发展，特别是神经科学中的实验技术使得这场争论更加难上加难。因此，我们必须从天赋理论研究现状入手，梳理天赋理论的定义及相关概念，明确天赋理论的类型和研究范围，从而对天赋理论有一个基本的认识。与天赋及天赋理论相近的词很多，在天赋理论研究中，经常会出现词句的混用而产生的误解和争论。比如天才、本能、天赋观念、先天、先天论等，与天赋概念既相联系也相区别。不过每一个相关概念本身也非常复杂，理论观点也很多，这里仅仅简单与天赋概念进行对比分析。

一　天赋论与先验论、唯心论

（一）先验论

先验（transcendental）来自拉丁语 transcendere，是指来自先前的东西，后被引申为在经验之前。顾名思义，后验指的是在经验之后。不过先验一词在中国的翻译仍存在不同理解。[①] 同时在具体的哲学问题探讨过程中，先验与后验在不同的哲学家不同的语境下含义有细微差别。

在近代，先验一词的使用和论述始于康德。笛卡尔的心身二元论不仅没有调和心灵与身体的关系，反而造成了心身对立的二元困境。而近代西方哲学正是在围绕二元对立以及化解二元对立的过程中逐步

---

① 参见文炳等《"先天"、"先验"、"超验"译名源流考》，《云南大学学报（社会科学版）》2011 年第 3 期。

发展的。康德的先验论目的就是化解经验论的不可知论以及理性主义独断的生而知之。那么康德、胡塞尔的先验论，究竟指的是什么呢？叶秀山先生认为康德提出一个"先验的"概念来统摄感觉经验和先天理性这两个方面，并使经验围绕理性转，以保证知识的纯粹性。康德的先验概念和传统的先验概念不一样，"后者就是'超出经验之外'的意思，前者为'虽然不依赖经验但还是在经验之内'的意思"①。

为了进一步区分先验与后验，康德提出了分析命题和综合命题。他认为先验命题必然为真，后验命题要取决于外在条件，所以是偶然的。他在《纯粹理性批判》讨论"先验逻辑"中明确提出了先验的概念。他说："并非任何一种先天知识都必须称之为先验的，而是只有那种使我们认识到某些表象（直观或概念）只是先天地被运用或只是先天地才可能的、并且认识到何以是这样的先天知识，才必须称之为先验的（这就是知识的先天可能性或知识的先天运用）。……所以先验的和经验性的这一区别只是属于对知识的批判的，而不涉及知识与其对象的关系。"② 由此可见，康德将先天与先验区别开来。他认为两者虽都是先于经验的，但所指不同。先天是不依赖于经验，但对经验有效，人的大脑中本身所固有的，人的能力中所蕴藏的形式化的东西。而先验是形式（纯形式），即时空、范畴、理念，先验是先天的根据。

克里普克认为先验性是与认识论相关的性质，必然性是与形而上学相关，因此不能两者混为一谈。在论证中，他提出了先验偶然命题与后验必然命题。先验偶然命题就是一命题的真是偶然的，同时这一命题又是先验认识到的。后验必然命题是指一命题的真是必然的，但这一命题是经验获得的。这与康德的先验命题与后验命题论证刚好

① 叶秀山：《关于纯粹哲学》，人大复印资料《外国哲学》2002 年第 5 期。
② 康德：《纯粹理性批判》，邓晓芒译，人民出版社 2004 年版，第 55 页。

相反。

另一个相近词超验（transcendent）则更早使用，在哲学史上有不同的解释。在经院哲学那里指的是超感觉的、经验之前被知觉到的。在康德那里，"超验的"是指与经验没有联系，超越经验的自在之物。先验虽然独立于经验，但是作为形成普遍经验的条件，与认识有关，不超越于经验。康德在《纯粹理性批判》中对这两个词做了严格的区分，就如康浦·斯密在《康德〈纯粹理性批判〉解义》中写道："我们可以提到理性的理念来例证先验的与超验的两者之间的区别。理念作为只是限定的，就是说，作为在知识的追求中鼓动着知性的一些思想，它们是先验的。作为组织性来解释，就是说，作为代表绝对的东西的，它们是超验的。然而纵然这区别是根本的，而康德使用其专门名词时是这么不谨慎，他时而把先验的用为在意义上恰恰是超验的之同义词。这是常见的。"①

中世纪逻辑论证中有关于"先验的"和"后验的"这样两种论证。先验的指的是从原因到结果的论证，后验的指的是从结果到原因的论证。在认识论的基本问题上，理性主义认为有先验知识的存在，经验主义则认为先验知识对知识的获得无关紧要，关键的是外部经验。

"那么，对于先验论该作何种评判？对此，国内学术界有两种倾向，其一认为先验哲学突出人的精神（意识）的作用，成为'决定'存在的第一性的东西，因此是传统的唯心论。其二是对先验论的'唯心主义'模棱两可，没有作明确的阐发。"②

另外，先验心理则是指在人的心理组成中有不依赖于人的经验的成分，是个人通过遗传而获得的内在性组成部分。承认先验心理的存在不是倒退到唯心主义或神学，而是更加坚定的唯物主义。因为无论

---

① 《康德〈纯粹理性批判〉解义》，韦卓民译，华中师范大学出版社 2000 年版，第117 页。

② 庞学铨、郑飞虎：《先验论的真正意义》，《浙江学刊》2003 年第 2 期。

是个体的自我体验还是科学家们的实验数据无不说明有先验心理的存
在，简单的否定不仅不是马克思主义认识论的科学态度，同时也无法
解开这个先验之谜。只有用更加先进的科学论据更充分的理论论证才
能真正破解。

（二）唯心论

唯心论（idealism），即唯心主义，是一个与唯物论、唯物主义相
对立的世界观。恩格斯在《路德维希·费尔巴哈和德国古典哲学的终
结》一书中给唯心主义下的定义是："全部哲学，特别是近代哲学的
重大的基本问题，是思维和存在的关系问题。……哲学家依照他们如
何回答这个问题而分成了两大阵营。凡是判定精神对自然界说来是本
原的……组成唯心主义阵营。凡是认为自然界是本原的，则属于唯物
主义的各种学派。"① 而作为一个哲学系统，唯心论有不同的种类，
主要有主观唯心论和客观唯心论等。

唯物论与唯心论对哲学基本问题第一方面的回答构成了各自的根
本论纲。唯物论认为：存在是第一性的，意识是第二性的，意识是存
在的反映，不是意识决定存在，而是存在决定意识。唯物论哲学对一
切问题的见解，都从这一根本论纲出发。唯心论认为世界的唯一本原
是精神，万事万物由精神所创造。客观唯心主义认为在世界之先就存
在不依赖自然界的"绝对观念"或"客观"精神。主观唯心主义认
为客观世界是不存在的，存在的只是"我"的感觉，"我"的观念。

康德在《纯粹理性批判》中对质料的唯心论进行了驳斥："唯心
论（我指的是质料的唯心论）是这样一种理论，它把我们之外空间
中诸对象的存有要么宣布为仅仅是可疑的和不可证明的，要么宣布为
虚假和不可能的。前者是笛卡尔的存疑式的唯心论，它只把唯一一个
经验性的主张（assertio）宣布为不可怀疑的，这就是：'我在'；后
者是贝克莱的独断式的唯心论，它把空间连同空间作为不可分的条件

---

① 《马克思恩格斯选集》第 4 卷，人民出版社 1995 年版，第 223、224 页。

而加于其上的一切事物，都宣布为某种本身不可能自在存在的东西，因此也把空间中的诸物宣称为只是想象。"①

在 19 世纪欧美哲学中，唯心论占据统治地位。随着近代科学的发展，传统唯心论遭到了前所未有猛烈的攻击。马克思主义唯物论批判借鉴了唯心论的合理性，克服了以往旧唯物主义的机械性、形而上学性和不彻底性，将唯物主义基本观点一直贯彻到底，成为彻底的唯物主义一元论，是辩证唯物主义和历史唯物主义的统一。而传统唯心论在现代又有多个变种和流派，这里就不一一赘述。不过大多数唯心论者并不否认物质的独立存在，他们只是认为感觉经验不能抓住深刻的实在，即精神实在不可能通过经验的方法得知。

二　天赋论与理性主义或唯理论

关于真理性知识的来源问题，是一个古老而常新的话题。自有"人类理性意识"萌芽开始，根据对知识准则的不同判断就分裂为不同的认知——经验论和唯理论。无论是古希腊哲学家还是东方古代哲学家对世界本原的认识中，都有朴素自发表现出的经验论和唯理论倾向。古希腊产生了唯理论的早期形态，如巴门尼德、柏拉图等。而到了近代，唯理论达到了完整的形态，是盛行于 17、18 世纪的一种哲学思潮。其基本思想是认为理性是认识的基础，是真理性知识的唯一来源，其代表人物有笛卡尔、斯宾诺莎和莱布尼茨。根据对哲学基本问题的不同回答，唯理论可以分为唯心论唯理论（莱布尼茨）、唯物论唯理论（斯宾诺莎）和二元论的唯理论（笛卡尔）三种形式。唯理论（Rationalism）是一种片面强调理性作用的学说。在认识的起源和可靠性上，认为具有普遍必然性的可靠知识不是来源于经验，而是从先天的"自明之理"出发，经过严密的逻辑推理得到的。而近代以来唯理论与经验论争论的焦点，就是人类获得真理性知识的来源是

---

① 康德：《纯粹理性批判》，邓晓芒译，人民出版社 2004 年版，第 202 页。

先天的还是后天的。

唯理论者推崇数学所运用的演绎法，并将它绝对化，夸大理性思维在认识中的作用，贬低感觉经验在认识中的作用和地位，这是近代唯理论产生的主要思想根源。近代西方唯理论的创始人是笛卡尔。他将数学的严密性和清晰性引入哲学，否认真理性知识的感性来源和感性认识的可靠性，建立起较为完整的理性演绎的认识论体系。笛卡尔认为每个人都有天然均等的理性，具有正确判断真假的能力，而这种能力是天赋的。同时，他还认为可以通过怀疑的方法去除错误的认识，从而达到明白清晰的真理性知识。

唯物论唯理论代表人物斯宾诺莎从唯物主义原则出发，承认理性认识是客观世界的反映。他认为宇宙是可知的，宇宙的规律性与必然性也是可知的，这是因为人的知识规律性和必然性与宇宙的规律性和必然性相一致，即观念的次序和联系与事物的次序和联系是相同的。斯宾诺莎把知识分为不恰当的知识和恰当的知识。他认为从传闻得来的知识和泛泛的经验这样不恰当的知识是不可靠的。可靠的是从理性而来的知识和从直觉而来的恰当的知识。不过斯宾诺莎否认天赋观念的存在，仅承认天赋的认识能力。由天赋的认知能力的运用是人的理智工具逐步发展，从而达到一些正确的认识。

莱布尼茨的单子论属于唯理论。他认为单子可以分为赤裸裸的单子、灵魂的单子、精神的单子三个等级，单子就是一种精神实体。人的知识是从心灵中已包含的一些概念和理论中来的，只是由人的感觉而使它们表现出来。他所理解的天赋观念是作为一种倾向、能力和习性潜存在人心中。他以此来反驳洛克的经验论。近代唯理论肯定了理性认知的重要作用，在阐明知识的普遍性、可靠性等方面有其合理性。但唯理论的缺点也是致命的。因为唯理论无法验证知识的客观实在性，最终将走向独断。

在哲学史上，既出现了唯理论和经验论两种不同认识论理论的分歧和争论，又出现了试图对两者进行弥合的种种哲学努力。唯理论并不绝对地反对知识来源于经验，如常识，但所有真理性知识都不是来源于经验。经验论认为所有一切知识，其源泉都是经验。康德抛弃了经验论和唯理论的片面观点，认为知识的来源有两个，一个是经验，另一个是理性，即心灵本身。康德认为：知识是一个复杂的统一体，其内容来源于经验，其形式来源于理智本身。他还认为我们对于世界的经验在某种意义上是由我们的心灵塑造的，因此我们拥有一些先验的知识；这种先验的知识总是关于我们所经历的时空世界，从未超越过这个世界。康德以后的德国古典唯心主义哲学都有调和唯理论和经验论的倾向。其后费希特、谢林、黑格尔的体系基本上是唯理论的。历史上的唯理论总是和天赋理论强烈地联系在一起。

另外，广义的理性主义不限于哲学认识论，在思想文化各个领域都有表现。凡是推崇理性，反对神秘主义、信仰主义、直觉主义等非理性主义在内的思想倾向和观点，都称为理性主义。

以上对唯心论或唯心主义、先验论、唯理论或理性主义的辨析中，我们不难发现天赋论与这些理论有着千丝万缕的联系，既不是完全等同的关系，也不是完全独立的。天赋论可以在这些理论中找到其思想的渊源，但是不能简单地把天赋论理解成唯心论、唯理论或是先验论。

三 天赋论与本能论、遗传决定论

（一）本能论

本能（instinct）及其同义语先天行为都没有一个被广泛接受的明确定义。由于概念上的含糊，一些科学家拒绝使用该词，有些却坚持本能的作用。而随着科学的发展，本能的理解也随之发生变化。本能原本为生物学概念，是指一个生物体趋向于某一特定行为的内在倾向。生物某种固定行为模式倾向既不是从学习中获得的，也不是从父辈遗传而来的。固定行为模式的实例可从动物的行为观察得到。它们进行各种活动（有时非常复杂）例如繁殖行为，动物之间的战斗，求偶行为，逃生，筑巢等不是基于此前的经验。① 早在 1859 年，达尔文给"本能"做过详细描述："我们需要经验去完成一个行为。然而，当这一行为可以被一个动物完成，尤其是被没有任何经验的非常幼小的动物所完成，并且当该行为为很多个体以同一方式完成，同时它们并不清楚做出这样行为的意图是什么，那么，我们通常称这类行为为本能。"

法国博物学家、昆虫学家让·亨利·法布尔最早在生物学上对本能一词进行完整描述。他认为本能的行为无须认知或意识，他在对昆虫研究中发现有的昆虫行为是固定的，并不受环境因素的影响。在 20 世纪 20 年代本能被行为主义取而代之，行为主义者如斯金纳认为所有的行为都是学习而来的。这两种观点都过于简单化，直到 20 世纪 50 年代随着康拉德·洛伦兹和丁伯根·尼古拉斯讨论了本能与学习之间的差异而使对先天行为的研究兴趣再次激起。

本能在心理学上自 20 世纪 70 年代威廉·冯特首次使用，有一个长期变化的历史。在 19 世纪结束之时，大多数重复的行为被认为是一种本能。当时有研究者描绘了人的 4000 种本能。但当研究变得更严格更精确，用本能来解释人类行为变得不再常见。在 1960 年一次会议上，该词被限制使用。不过在后来的教科书中仍然有关于本能的讨论。直到 2000 年在最畅销的 12 本心理学书中仅有一个引用了弗洛伊德的本能理论。弗洛伊德将人的本能分为生的本能和死的本能。生的本能的目的是保持种族的繁衍和个体的存在。死亡本能是一种攻击本能，使人回到最初的平静状态，即使人类返回生命前非生命状态。美国社会心理学家马斯洛提出了一个有别于本能的概念——"类本能"。他认为本能的定义往往是不准确的，"类本能"可以理解为人类的基本需要既是与本能类似，又与本能不同。基本需要有先天的遗传基础，但其满足和实现要取决于后天的环境。需要的层次越高，与

---

① 参见维基百科词条"本能"。

先天遗传的联系越弱，对于后天环境的依赖越大。

本能除了有普遍性和遗传性的含义之外，还有动机作用。策动心理学派的创始人麦独孤批判了研究中对本能一词的滥用。他于1908年给本能的定义是："本能是一种遗传的或内赋的心身定势，它决定其载体知觉，注意某组确定的对象，体验这种对象知觉所产生的特殊的情绪兴奋，并且以一种特定的态势对其作出行动，或者至少是体验到作出行动的冲动。"他主张人的行为是由内驱力即本能所产生的。在洛伦兹的理论中，本能行为具有四大特质。一是行为是定型的；二是行为出现在同物种的所有个体上；三是即使被隔离培养的个体，也有该种行为；四是即使先前该行为被压制，过后还是会发生。那么一个完整的本能行为就是首先不定向的欲求或动机，然后发生定向的欲求行为，最后引起终极行动。

在1954年巴黎召开的关于"本能"的会议上，洛伦兹和美国心理学家丹尼尔·莱尔曼展开了异常激烈的辩论，主题是有关先天与后天。洛伦兹认为动物复杂的行为模式不是由经验推动的，而是基因在推动。莱尔曼认为这就完全忽视了发展，因为行为不是从基因就完全形成，基因构造大脑，大脑吸收经验然后输送行为。他们二人对于天生的看法不同。莱尔曼认为天生就是无须经验就会产生；洛伦兹认为天生意味着不可避免。本能理论受到来自各方面的批判和反驳，例如一些社会学家认为人类没有本能，本能只能定义为一种复杂的行为模式，是天生的不能被重复。那么性、饿的驱动都不能认为是本能的。但是不能从根本上推翻本能理论的基本观点，人的先天遗传因素对人的行为的影响。本能的概念可以用其他名称代替，例如内驱力、内部倾向、内在需要、天性、基因等。但是其概念所涉及的问题确实无法回避。现在本能理论也起不到什么作用，因为大脑研究仍未找到行动特异冲动，所以目前都没有定论。但是本能理论内容可以促使天赋理论问题研究的进一步深入。不管本能理论本身是否起作用，至少目前各学界都承认本能的存在，承认有动物本能或人类本能。本能不等于天赋，但天赋论证离不开本能。本能在社会行为中的作用也要客观看待，无须夸大其作用。

（二）遗传决定论

遗传决定论（theory of hereditary determination）是一种关于儿童发展的理论，认为儿童发展史是由先天不变的遗传所决定的，其智力和品质在基因中就已经被决定了。遗传决定论的观点最早不是来自遗传学的研究成果，而是来自优生学的鼻祖高尔顿。因此，无论是遗传决定论还是环境决定论都没有充分的遗传学的科学证据，而是通过相关人群调查得出的推论。遗传决定论的思想根源可以追溯到达尔文以自然选择为基础的进化论。

《遗传的天才》是高尔顿遗传决定论的代表之作。在这本书中，他强调："一个人的能力是由遗传得来的，它受到遗传决定的程度，正如一切有机体的形态及躯体组织受遗传决定一样。"另外，很多心理学家和高尔顿一样也是遗传决定论者。例如，美国心理学家霍尔的观点是：一两的遗传胜过一吨的教育。德国儿童心理学家比勒也认为儿童的心理发展是先天东西的自然展开，环境和教育仅仅是引发作用，无法改变它。

不过随着20世纪70年代以来遗传学的发现，遗传决定论受到了强烈的质疑。遗传决定论认为基因是永恒的，基因和基因组通过一维的线性因果链决定物种的形状。但是最新遗传学研究表明，基因不是不变的，一个基因从来不能脱离其他基因来表达其性状。那么有没有所谓"好基因"和"坏基因"之分呢？既然基因的界限本身并不明确，那么"好基因"之类的想法无疑是错误的。基因本身也是和环境一起演化的。

目前，单纯主张遗传决定论的人已经极少了。大多数心理学家认为人的社会行为更多的受文化和环境因素影响，而不是纯粹的生物因素。不过遗传决定论所提出的关于智力的遗传性问题是人们无法回避的一个问题，这种思想在西方依然非常流行。

（三）潜能

潜能（potency）在生物学上的定义是细胞产生后代细胞能分化成各种细胞的能力，是一个细胞所有可能发育命运的总和。而潜能的字面含义就是潜在的能量，在正常情况下不显现出来，只是在一些特殊的情景下被激发出来。马克思认为人的潜能是指个人先天固有的禀赋条件和内在质地，教育的最主要作用就是开发人的潜能，使人自身的自然中沉睡着的潜力发挥出来。人的潜能是人能动把握客观事物活动的内在根据，是人自身存在的潜在状态。

在人的潜能中包含三个要素，生理的、心理的和思维的。生理要素是人作为自然属性遗传而来的，是潜能的基础要素。正是因为人受到自身心理因素和思维因素的影响，所以人才与动物本能区别开来，不是纯粹的自然需要，而是人化的自然属性。动物的本能是在特定自然条件下所造成的生理器官等的特定化，规定了其功能的有限性。人的潜能既有相对的稳定性，又是未特化未限定的潜在状态。动物的本能依赖于遗传方式先天规定了实体性存在，而人的潜能在很大程度上依赖于环境的影响，具有很大的可塑性。马斯洛在谈到人的类本能时，也说到它很容易被恶劣的文化环境所摧残。

那么人类有多大的潜能，以及是否可以通过有效的方法进行开发呢？美国知名学者奥图博士说："人脑好像一个沉睡的巨人，我们均只用了不到1%的大脑潜力。"人脑可储存的信息大概约等于50亿本书，是世界上藏书最多的美国国会图书馆的500倍。人脑神经细胞功能每秒完成近1000亿次的信息传递和交换，因此人脑的计算功能远远超过世界上最强大的计算机。如果人类发挥出一小半潜能，就能轻易学会40种语言，记忆整套百科全书。人类的潜意识具有超越一般常识，是人类原本具备而忘却使用的能力。比如人类的直觉、灵感、梦境、催眠、念力、透视力、预知力等都是潜能的具体表现。人的潜能有多种多样，可以通过专门的训练提高人的能力，开发部分潜能。

四 天赋论与先天、后天

(一) 先天与后天的词源

在心理学上对先天（个人天生品质）与后天（个人经验）在决定个人心理与行为特征中的因果关系问题上的争论从未停过。先天与后天这一表述最早出现是在弗朗西斯·加尔顿探讨社会进步中遗传和环境的影响力。他受到了达尔文的《物种起源》的影响，强调遗传的作用。但是由于环境中的教育、社会特权等往往是通过历史的方式传递遗传给其后代，所以遗传决定论受到批判。随后，哲学家洛克认为人类获得知识来源于后天的培育，因为人一出生是一块白板。因此他主张环境决定论。无疑，对这一问题的回答更多的要依赖于科学的论据。

在哲学上先天（a priori）一词具体内涵是什么呢？康德那里"先天的"和"先天知识"有什么异同，分别指什么呢？康德将判断分为分析判断和综合判断。分析判断就是判断的谓项包含在主项中的判断，因此分析命题具有普遍必然有效性，并且都是先验的，不依赖于经验。综合判断就是判断的谓项内容不包含在主项中。因此，在综合判断中，既有先天的，又有后天的。那么"先天综合判断"是否存在呢？在寻找"先天综合判断何以可能"条件的过程中，康德认为在人的认识能力里面有先天综合判断，因为在人的经验知识和结构之前已经存在人的能力。也就是人有天才平庸之分，承认这点，也是坚持马克思主义唯物论的必然要求。不过对先天能力进行分类，不难发现有先验感性论、先验分析论以及先验辩证论。康德又将先天判断分为相对先天和绝对先天。相对先天就是独立于当下的经验，但依赖于以往的经验。绝对先天就是指不依赖于任何经验，来自人的心灵本身，包括人类个体的与种系的。人的认知能力本身是固有的，从开始到最后都一样。

"先天"一词在胡塞尔的现象学那里的解释是不一样的。胡塞尔对康德主张的表现在意识行为中的"形式范畴"才有先天性进行辨析，认为质料范畴也有先天性。先天与后天的区别是一般对象与个体对象在本体论上的区别。所以，"先天"仅仅是"存在的名称"。[①] 胡塞尔认为一般对象不在人的意识之中，也不在外部世界，而是超时空的先天存在。以"红"为例，"红"存在每个红色物体之中，但是"红"又不依赖于任何一个红色物体，"红"还是这些红色物体能成为红色物体的条件。这就是说"红"是先于红色物体而存在的。胡塞尔的"先天"指的就是"在个体之物之先"。这里的先天不是实在之物之间派生与被派生的关系，只是实在之物的存在的结构顺序的描述。所以，先天并不代表时间的先后或次序，而是存在者的存在特征。

（二）先天与后天的论证

为了解决这一难题，行为遗传学家对养子女及双胞胎进行研究。这种方法将个人成长中家庭因素与非家庭因素分开探讨，并将研究从个人转向群体有一定的进步。朱迪思·哈里斯在她的《后天培育假说》一书中认为后天培育的传统定义，即传统家庭教养无法有效解释个人多数形状之间的差异。相反，她认为同伴团体以及随机的环境影响，比如单亲家庭成长等比家庭环境影响更重要。因此在当代先天与后天之争中，后天培养不再是简单的父母或监护人的影响，更多的是指除了基因之外的所有外在环境的影响。因此，后天培育的定义已经扩展到怀孕期、父母及大家庭影响，同伴经验甚至延伸到媒体、市场及整个社会经济地位的影响。

那么如何用遗传指数来量化基因在个人特质中的作用呢？现有的研究只能对人群中双胞胎进行研究。一是对同卵双胞胎分别在不同的家庭生长进行对比研究，二是对生长在同一家庭中的同卵双胞胎和异卵双胞胎进行比较研究，三是对生活在一起的亲兄妹非孪生以及养子

---

① 朱耀平：《"先天"概念的原始意义的澄清》，《现代哲学》2004 年第 4 期。

女之间的对比研究。科学家们已经知道每个个体细胞中有特定基因决定其形状，比如眼睛和头发的颜色。先天遗传理论需要更进一步说明一些更抽象的特质，比如智力、性格、侵略和性取向同样由个体的DNA所编码。乔治·豪柯尔特在1998年的《生活》杂志上发表论文《你生来如此》，声称最新研究表明人类特性大多数由基因决定。在大多数的研究实例中，不难发现基因在个人智力、个性以及心理特征方面作出了重大贡献。然而遗传因素也分高低相关性，而且这些研究局限与双胞胎和子女收养的限制，不能推及全世界。

最终先天与后天之争并没有得出结论，尽管还不知道我们到底多少由DNA多少由生活经验决定，但是我们知道两者都发挥作用，并相互协调沟通共同形成个体。基因与环境相互作用的一个典型例子就是低苯丙氨酸的饮食能部分抑制遗传性疾病苯丙酮尿症。基因与环境的相关性还表现在具有特定基因型的个体更容易在特定的环境中找到。因此，基因可以塑造或选择环境。

（三）先天与后天的最新论据

2001年2月人类基因研究表明，基因组只有3万个，这个数据使得很多人开始怀疑基因对人类的解释力，并认为人类是后天决定的，而非先天。科普作家马特·里德利主张后天培育依赖于基因，而基因也要求后天培育。基因不仅预先规定大脑的广义结构，还是意志的原因和结果。

男女之间的差异到底是由先天还是后天占主导呢？20世纪六七十年代流行的观点是认为男女差异主要是社会和家庭环境的影响所产生的，男女在本质上没有什么区别，只是后天分工不同罢了。后来美国埃默里大学的生物心理学家威廉博士对猴子做了一个玩具倾向的试验。他将小汽车和毛绒玩具都放在猴子经常玩耍的假山上，观察猴子们的选择并记下它们玩耍的时间。实验结果表明，猴子对玩具的喜好有很大差异。雄性猴子玩小汽车的时间很长，雌性猴子更喜欢毛绒玩具，不同性别的猴子对玩具的喜好与人类完全相同。威廉以此来推翻性别差异由教育方法和社会习惯造成的观点，认为两性之间存在明显的差异，而性别的差异更多的是先天主导。

先天与天赋在内容上有所交叉，在形式上有所类似。关于先天的论证可以作为天赋理论的有力论证，但只是天赋理论的一个方面。

五　天赋论与天才

（一）天才词源分析

天才（genius）一词同天赋一样源远流长。古罗马时期，天才指的是某个人、家庭或地区的守护神，这一名词与拉丁动词 gigno、genui、genitus 相关。到了奥古斯都时期该词才有了"灵感、人才"等衍生义。中国历史上天才一词用法有三种，一是指天赋的才能，超凡的想象力创造力。如，元朝辛文房的《唐才子传·李白》"十岁通五经，自梦笔头生花，后天才瞻逸"。二是指具有天赋才能的人。三是指天然的资质。由于在科学上并没有对天才一词作出准确的定义，是什么原因造成天才，科学仍在研究中。天才一词在实际使用中存在许多分歧，既可以用来指某种才能，也可以指通才，还可以指某个领域的佼佼者。不同领域对天才的解释也不尽相同。

（二）天才的心理学定义

心理学上对天才的定义是超常智力的人物。特曼认为天才就是在标准化智力测验中的成绩优秀者。他和他的同事霍林沃斯都认为有个分数划分以确定天才。特曼认为智商超过140就是天才，而霍林沃斯则认为要超过180。那么在这个意义上天才指的是潜在的还没有真正取得成就的儿童。高尔顿被视为心理测试的创始人，最早提出对智力进行评估。他认为天才是具有实际杰出才能所反映出来的高度创造性，而这些成就不应该是出生造成的。也就是说天才是具有独创性和创造性能作出前所未有的贡献，而天分仅仅是一种特殊的潜能。天才人物有突出的智力、热情和工作能力。在《遗传的天才：它的规律和与后果》一书中，高尔顿还用明确的统计结果表明凡有杰出贡献的天才人物来自相同的家族。

（三）天才的哲学定义

哲学家们也对天才下定义。大卫·休谟认为社会认知天才的方式与认知无知者的方式是类似的，最完美的性格应该是介于这两个极端之间。一个人的天资总是在生活道路的开端就存在着的，不过当时他自己和别人都不认识。只是由于经常的常识，伴随着成功，他才敢想他自己配做某些已经得到人们赞扬有所成就的人们所做的那些工作。

康德认为天才就是不需要他人传授能自己理解概念能力的人，独创性是天才的本质特征，天才就是能创造而非模仿思想的人才。在《判断力批判》中，康德给天才的定义是："天才是替艺术定规律的一种才能，是作为艺术家的天生的创造功能。才能本身属于自然的，所以我们也可以说，天才就是一种天生的心理的能力，通过这种能力，自然替艺术定规则。"① 因此康德认为天才是不可以被学习的，天才是一种天生的能力。

叔本华在《叔本华思想随笔·论天才》一书中对天才做了详尽的描述。他认为天才与人才、能人、干才是有根本区别的。天才所直观看到的是一个完全有别于其他人所看到的世界，这是因为在天才头脑中，世界是更纯净更清晰的反映。

黑格尔在《美学》的第一卷详细论述了天才理论，他的定义是天才为艺术家通过想象的创造活动，在内心把绝对理念转化为现实形象，成为最足以表现他自己的作品的活动。而对于天才的区分问题，黑格尔认为天才是主体心灵创造活动，才能只是单纯某个方面的熟练。但是天才不全是天生的。②

（四）天才的医学解释

加拿大医学工作者在研究"威廉斯式综合征"过程中发现，许多

---

① 康德：《判断力批判》，邓晓芒译，人民出版社2002年版，第150页。
② 黑格尔：《美学》第一卷，朱光潜译，商务印书馆1996年版，第358页。

天才极有可能是由基因排列失常造成的。而另一项研究同样表明，人身体中 15 号染色体异常的人可能会患上精神方面的疾病，不过也可能成为智力的巨大动力而产生天才。多伦多儿童医院资深研究员谢勒说，人的基因谱好像一本 4 万字的图书，基因排列失常就如同图书中一个约 20 字的句子被颠倒印刷了，而得了这种先天病的患者自出生起体内的 7 号染色体就少了 20 个基因。这既是引起精神疾病的诱因，也是智力突破提升的直接源头。因此，天才与基因有直接关联。

由于天才概念本身的不确定性，所以关于天才是否是天赋的才能本身包含诸多解释。遗传决定论和后天获得论是天才理论中两种重要的相互竞争性理论。这两种理论都具有自身缺陷和片面性，因此后期有学者提出了遗传和环境相互作用论。认为良好的遗传素质仅仅提供了可能性，而可能变成现实还要取决于环境和教育。而天资指的是人与生俱来的资质，即天生的。所有天才、天资与天赋概念既相联系又相区别，在不同的语境中使用也不同。

第二节 "天赋"概念理解的不同走向

天赋概念在当代研究视角下具有多重含义，来自不同领域的学者们在使用它时所赋予的含义是不同的。仅仅是在生态学文献中，"天赋的"含义就多达 7 种。斯蒂奇认为天赋性主要有两种含义：一是"倾向的天赋性"；二是"认知机制的天赋性"。前者所指和"先天性"类似，后者指能够被启动的天赋。有些科学家认为天赋性指的就是物种普遍具有的某种属性，也就是指普遍性。针对"天赋"概念的复杂性，还有很多人提出了"混淆论"，应彻底抛弃。

一 "天赋"的常识理解

这里的常识观点和日常语言概念是有区别的，不是对天赋的常识描述。而是指在对天赋的解释中，依然使用天赋的常识内涵的主张。

常识观点认为，天赋是非获得的，天生就有的，是内部原因的产物，比如语言天赋论。

乔姆斯基语言天赋论的根本理论主张是"普遍语法"。该理论认为人类的心理结构决定着语言的结构；因此语法规则是由生物因素决定的，是人类天性的组成部分，是从父母那里遗传而来的。即普遍语法先天地存在心灵中，限制人们学习语言的能力，是一个非获得的认知结构。乔姆斯基的天赋性指的就是"人脑从出生时就按照自然语言的某种结构特征编制了程序"，语言学习装置中从出生时就装入了一种评价功能，它能根据经验材料选择特殊的语法。[1] 史迪芬·平克被认为是继乔姆斯基之后最著名的语言学家之一。他认为语言是人的本能，是自然界的产物，因此语言不是思维的工具，语言是我们天生能力的一部分。同时平克假定语言是人的一种本能后，开始寻找语言的独特神经基础，他用达尔文的进化论自然选择学说论证语言基因存在的可能性。平克认为人类的语言本能是为功能而设计出来的结构，心智中装备的是天生的处理资料的方式，而不是资料本身。

另外在《天赋理论再思考》中，埃尔曼和合著者们认为且当仅有特质是"有机体内部交互的产物"时特质才是先天的。[2] 他们主张天赋特质是内部原因的产物，与外部原因无关。

这些常识内涵的定义无疑是有缺陷的。非获得概念本身就很复杂，用此来理解天赋难以胜任。有机体获得某种特性无法确定是先天和非先天的。与生俱来也很难有说服力，因为很多实验表明天赋特质也可以在发展的后期获得，例如人类第二性征是先天的但出生时并没有。胎儿的成长过程本身也是有机体和外部环境交互作用的结果，完

---

① 施太格缪勒：《当代哲学主流》（下卷），王炳文等译，商务印书馆 2000 年版，第 20—21 页。

② L. Jeffery Elman and A. Elizabeth S., Mark H. Johnson, Annette Karniloff-Smith, Domenico Parisi, *Kim Plunkett*：*Rethinking Innateness*：*A connectionist perspective on development*，Cambridge：The MIT Press, 1996.

全内部作用的产物说法过于牵强。尤其是环境在信息的输入、促进内在结构变化上所起的作用无法忽视。因此，用常识的天赋内涵无法给天赋下一个准确的定义，反而引起不必要的争论。

二 "天赋"的生物学理解

遗传决定论和环境决定论之间的争论，无论在生物学界还是教育学界或其他学科领域都具有一定的影响力。当代生物学创立的遗传决定论，认为由遗传因素决定时所表现的性状才是内在的，即天赋的。遗传决定论认为有机体的内在特质完全由基因因素决定，但是复杂生物体特质依赖于基因和非基因因素的交互作用。另一个表征型解释是认为有机体特质是由基因表征或编码由遗传决定的，即认为 DNA 包含蛋白质"编码表征"。但是如何解释基因在哪些方面表征复杂的认知结构方面，很难自圆其说。还有根据遗传编码或遗传编程来理解天赋性，从神经生物基础和功能模拟角度来讨论天赋。

也可以用生物学上的"不变"解释来理解天赋概念。天赋就是内在特质在一定的环境中发展具有不变性，也就是发展的稳定性。比如同一物种在发展的过程中都具有相似的内在特质，这些普遍性可以解释为天赋。但是这一解释也存在问题，因为有关事物特质的观念是习得的还是内在的，无法通过发展的稳定性来解释。比如常态下水是流动的这一观念的获得到底是天赋的还是学习而来的，无法用这一解释说明。因此需要从其他方面的概念来解释天赋。

三 "天赋"的认知科学理解

天赋概念在心理学或认知科学上第一个解释是非习得，天生特质最普遍的特质就是非学习而来，也是无法习得的。这个概念解释在心理学上可以理解，但是运用于心理学之外就有点不伦不类，例如晒伤的皮肤。而且非习得本身也是不明确的，无法说明天赋。

在《天赋是个混论的概念吗?》中，塞缪尔斯（Samuels）提出了心理原语理论。他解释天赋的认知结构就是不能从认知过程获得的。也就是说认知结构必须符合两大原则才是天赋的：一是本原性条件，认知结构是在正确的心理理论假设下且没有获得正确解释；二是认知结构是在正常发展过程中获得的。[1] 换个说法就是：虽然先天认知结构是从最起码的常识中获得的，但是它不是在认识水平上的解释而是生物水平上的解释，而如何获得这一解释目前还不清楚。

这一解释理论有自身的优势。它可以解决当下其他解释的困扰，规避了某些难题。另一个优势是说明了天赋理论对认知科学的独特意义。天赋概念为心理学和认知科学制定出两个真正重要的问题：一是界定了心理解释的范围，一旦了解某个特定结构是先天的，就知道不能用科学心理学来解释，只能转向生物学或其他科学领域来解释它是如何获得的。二是组建模块，构建发展心理理论。发现哪些结构是先天的，提供理论资源来推测心理学解释不了的结构是如何获得的，即呼吁解释其他心理特质的发展。

当然这个解释也有不合适的地方，也没有得到学者们普遍的认可。问题之一是这一解释在心理认知说明和其他水平的科学说明之间预设了一些明确的区分。问题之二是虽然认知科学中对这两者的差异的存在是认可的，但是如何更好地运用却不清楚。例如大脑受损者的机能障碍问题是神经生物学的还是心理学的？认知科学家们不会将其看作是天生制定的。多于这个解释的过分概括问题如何解决呢？我们可以给这个定义下限定，增加一些额外的说明使其解释更全面。

以上对天赋及相近概念和一些著名的天赋解释进行了概述。无论哪一种解释都有其优势和缺点，但都承认天赋因素的存在。虽然提供精确的、标准的天赋概念是研究的任务所在，但是这一任务本身的艰巨性、复杂性使得定义变得扑朔迷离。而且在目前科学发展水平下，

----

[1]　R. Samuels, "Is Innateness a Confused Concept", In : Carruthers P. et al. , *The Innate Mind: Foundations and the Future*, New York：Oxford University Press, 2007, p. 25.

所有的科学在制定其法则时也会假定一些尚未阐明的标准条件。那么在对天赋理论概念进行概括的时候，同样也可以假定一些不变的正常条件，这样对于天赋概念及天赋理论的把握就可以不再过多地纠结在概念的标准划分上。

由于围绕天赋理论的争论变得越来越复杂，有学者提出有效策略是研究这些议题在简单的可能更少争议的背景下如何进行？例如美国罗格斯大学心理学教授（Gallistel）试图在简单生物所面临的限制范围内探讨天赋理论。他研究了昆虫天生的特定寻路模式。例如蜜蜂可以根据太阳所在位置作参考传递食物与它们蜂巢的方向和距离。它们的这种传递能力不论天气或时间，表明它们具有表达太阳历表的功能。蜜蜂知道天空中太阳的位置代表作为时间功能，这是一种赖此变化而生存的功能。对这一过程的研究逐步揭示了先天和学习如何造就了这一能力方面一幅详细的图景。即使没有太阳的经验，蜜蜂仍然在某种程度上假定其存在，是东升西落——任何时间、任何地点都是真的历表功能。这一路径的形状和速度被早期视觉经验逐渐装入。在人类认知的很少领域我们可以得到如此细致而严密的有关先天后天相互作用的图景。Gallistel 最大的贡献是方法论上的：通过简单的生物、更易于严格的经验以及更少争议的研究来论证先天与后天相互作用获得了知觉。事实上，他认为先天的特殊结构之类的命题在某些生物学领域是不值一提的，因为这是正常现象。因此，在简单生物背景下研究天赋性更有可能。主要集中在研究简单的认知过程，而不是研究简单的生物体。

第三节　天赋理论的种类

天赋理论的类型分类没有固定的模式，可以根据不同的标准进行划分。具体而言，有如下分类。

一　按发展阶段分类

辞书《MIT 认知科学百科全书》，在介绍天赋理论发展历史中对天赋理论发展过程按照时间段分为三个典型时期。一是柏拉图的古典天赋观念时期；二是在 17—18 世纪理性主义者的传统天赋论时期；三是天赋理论的当代认知论复兴。随后介绍了当代天赋理论与传统天赋观念的区别。现代天赋论和经验论都不再简单地认为所有认知观念和结构都是先天的或后天的。联结主义曾经被认为是天赋论的致命挑战，但是最后也没有办法摆脱天赋论的束缚。在相同条件下，人类可以习得语言，但是灵长类动物却不能。这点无法说明语言是人类天生的，因为语言习得有诸多要素。哲学上的唯理论和经验论是相互对立的，天赋论总是与经验论相对立，然而天赋论者未必是唯理论者。领域特殊性是天赋论的一个特征，不是全部。联结主义构架既支持经验论也支持天赋论。总之，天赋论和经验论主要争论的焦点是先天在多大程度上影响认知。①

另外，《心灵哲学词典》中的 innateness 词条主要介绍了天赋观念存在与否的历史争论以及现在认知科学争论的焦点。天赋论不是简单地认为所有的观念或所有的语言知识都是先天的，经验论也不是简单地认为在解释语言及认知发展过程中不需要任何先天认知结构。很显然，在认知发展过程中，既有经验的内容也有天赋的结构。那么现代天赋论与经验论争论的焦点是什么是天赋，天赋在多大程度上影响认知；什么是习得，习得的内容和结构多大程度上由先天认知结构所决定。天赋论者和经验主义者各自提出了自己的见解并相互驳斥，其中不乏意义的观点。②

---

① 威尔逊：《MIT 认知科学百科全书》，上海外语教育出版社 2000 年版，第 583 页。
② S. Guttenplan, *A Companion to the Philosophy of Mind*, Cambridge, Mass. : Wiley-Blackwel, 1996, p. 366.

二　按天赋所指分类

无论是传统的天赋理论还是当代天赋理论所指都不尽相同，随着认识的深入，天赋理论更加系统化、开放化，能解释更多问题也能容纳更多新论据。在姚鹏先生的《笛卡尔的天赋观念论》中，详细划分传统天赋论为五种。一是"回忆型"，认识是对天赋观念的回忆；二是"逻辑型"，认识是天赋观念的逻辑展开；三是"能力型"，天赋观念是天生的能力或禀赋；四是"工具型"，人固有的理性思维能力是人有天赋的认识工具；五是"形式型"，天赋是先天形式或范畴，对感性材料的加工形成认知。①

依此类推，当代天赋理论也可以细分为五种。一是"基因型"，认为人的天赋是由人的基因决定的；二是"本能型"，认为语言就是人的本能；三是"模块型"，认为认知系统具有模块性，而模块具有先天性；四是"智能型"，认为人类智能的来源不仅仅是物理构造，还有无法超越的心理构造；五是"综合型"，认为天赋理论应吸收所有合理要素，实现理论创新。

三　按认知模型分类

在《天赋观念》中斯蒂克（Stich）根据天赋理论所蕴含的认知模型进行分类。一是天赋信念，即认为具有天赋知识的个人就是有天赋的信念，当他到了某个特定年龄，他将有天赋信念的意向性。② 就如笛卡尔所说的和先天疾病里的先天一样。二是天赋机制，即天赋就是认知在输入输出的过程中用于启动的机制。③

具体而言天赋在认知科学中如何发挥机制作用呢？塞缪尔斯（Samuels）提出了心理原语理论，即概念的运用与我们自身的理论框

---

① 姚鹏：《笛卡尔的天赋观念论》，求实出版社1986年版，第16页。
② S. Stich, *Innate Ideas*, Berkeley: University of California Press, 1975, p. 8.
③ Ibid., pp. 14–15.

架相联系，天赋的概念本身也只是框架性概念。① 这样就可以把天赋概念分为两类：一是通过心理过程获得的；二是非心理过程获得的。

还有计算主义将心理过程看作是计算过程，因此对学习的解释就是根据网络和分布式加工而作出的。计算方法的核心就是模块化：心理现象是由各种不同进程的运行而不是从单一的未分化中产生的。

四　按学科领域分类

不同领域不同学科的研究者在使用天赋一词时，赋予天赋一词的含义也是千差万别。西方哲学上的天赋论还可以细分为认知天赋论和观念天赋论。认知天赋论即认为人类获得知识是先天的，观念天赋论则认为人生而拥有观念。天赋论是解释为何人类可以超出经验获得某些普遍有效性、确定性的知识。例如：因果观念（凡事必有因）、善恶观念、逻辑和数学知识、上帝灵魂之类超自然观念以及逃避危险等自然反应，等等。心理学上的天赋论是指某些特定的技巧和能力是天赋的，或者一出生就具有的，这是与经验主义的白板说相对的一种理论。比如：道德直觉和色彩偏好等。而据 Bateson 的统计数据，仅仅在行为生态学一门学科的文献资料中所使用的"天赋"含义就多到 7 种。② 天赋一词从常识的角度分析，是指先天特征；从生物学概念，是指先天性；从认知科学概念，可以解释各种心理现象。天赋的概念可以从多学科角度分析，不同的学科对待天赋理论态度不一。比如遗传学、发展生物学、认知科学等学科领域的天赋概念，与常识的天赋有很大的不同。

由此可见天赋以及天赋论的定义相似但差异很大，明确的定义似乎很难找到。在此基础上有人就提出应抛弃天赋论的概念，认为各种

① R. Samuels, "Is Innateness a Confused Concept", In：Carruthers P. et al., *The Innate Mind：Foundations and the Future*, New York：Oxford University Press, 2007, p. 24.

② Bateson, "The Origins of Human Differences", *Daedalus*, Vol. 133, No. 4, 2004, pp. 37 – 39.

争论的源头就是天赋论概念的不明确。我们在考察天赋理论的过程中，不可避免地就要先将其所说的天赋概念进行分类明确、归类，然后再探讨其理论合理性和缺陷。

五 按词源词义划分

（一）词源学分析

对于天赋理论，很多人第一反应就是联想到马克思主义哲学所批判的"天赋人权"，进而联想到"先验论"和"唯心主义"。而现在仍有人将这两者画上等号。实际上，在 1959 年乔姆斯基将心灵和天赋理论在语言学领域复苏后，天赋理论已经与传统天赋论分道扬镳，借助于科学最新研究成果构建起自己的理论框架，有了不同的天赋理论流派。

拉丁文 innatus，意思是"天生的"。这个词是最早天赋理论中的"天赋"一词的来源所在。后经过演化有 innateness、innate ideas、innatism 等，其含义非常丰富。在西方辞典中对天赋的解释都大致相同。比如《朗曼现代英语词典》、《韦伯新国际辞典》以及《拉丁语辞典》中对天赋的定义是：天生的，天赋的，内在的，自然的，即不从直接经验获得的。

在对天赋及天赋理论的国内历史考察中发现，不仅天赋一词古已有之，而且传统天赋理论也有各种表现形式。具体而言，在前蜀贯休《尧铭》"君既天赋，相亦天锡"中表示天授；在《旧唐书·僖宗纪》"河中节度使王重荣神资壮烈，天赋机谋"中表示生来具有；在宋文莹《玉壶清话》卷七"有童曰玉奴者，天赋甚慧"中表示资质。[①] 在国内的一些大辞典中，都将天赋论（观念）归之于唯心主义认识论，与唯物主义相对立。比如《马克思主义辞典》："天赋观念是唯心主义的认识论概念，它认为人的思维不是来自感觉经验，而是人类头脑

---

① 参见天赋词条（http://baike.baidu.com/view/340712.htm）。

中生来固有的。"《马克思主义原理辞典》："天赋观念是不依赖于人的感性经验、先天就有的观念。"《宣传舆论学大辞典》："指人类生来就有的观念。是观念来源问题上的唯心主义观点。"

而在《马克思主义百科要览·上卷》、《马克思主义哲学大辞典》以及《文史哲百科辞典》等百科全书中，天赋指的是人的天资，即人的大脑和感官的生理状况和认识世界的能力，个人的先天生理素质主要包括神经系统的强度、动力特点、微观解剖结构等。马克思主义哲学认为，离开社会实践，人们就不可能获得知识，再好的天赋也是没有用的；并且人们的天赋最终也是在长期的社会实践中形成的。

（二）词义学分析

福尔迈对思想史上天赋概念进行了梳理，认为"天赋观念"概念本身就有歧义。"它可能指表象，或者概念范畴、判断与成见，真理，推理习惯，逻辑、道德或自然的法则，本能，直观形式，体验模式或认知结构。"① 表 1-1 就是福尔迈所列举的关于天赋观念的理解：

表 1-1　　　　　　　天赋观念

人名	天赋观念	示例
柏拉图	全部抽象概念	善，相等
亚里士多德	逻辑公理	矛盾律
培根	种族假相	形状知觉
休谟	本能	经验推理
笛卡尔	第一原理	自我的存在，上帝
莱布尼茨	全部必然真理 许多理智观念 若干实践原理	数学和逻辑学 统一性，实体 趋乐避苦
康德	直观形式和范畴的"根据"	空间直观的可能性
赫尔姆霍茨	空间直观	三维性

————————

① 福尔迈：《进化认知论》，舒远招译，武汉大学出版社 1994 年版，第 192 页。

续表

人名	天赋观念	示例
洛伦茨	行为模式 直观形式 范畴	交配行为 空间直观 因果性
皮亚杰	反应格局 认知结构	平面知觉
荣格	原型	真我，二重性
列维·斯特劳斯	结构	烹饪三角
乔姆斯基	普遍语法	A-über-A 原理

对天赋、天赋理论的词义学考察，不难发现东西方的"天赋"语词含义不尽相同，各有侧重，不过基本含义有一致之处。在对有无天赋，天赋又是从何而来，以及天赋的形式上东西方有不同的见解。当然，随着当代天赋理论的发展以及天赋论与构建论之间的论战，天赋概念本身也丰富了起来。

六 按认知科学研究纲领分类

发展系统理论家格里菲斯（Griffiths）等人认为"天赋"概念中的核心出现了根本问题，本身就是一个毫无根据的假说，因此"天赋"是一个根本上混淆的概念；既然概念本身有问题，那么当代认知科学就不应该再使用"天赋"这一概念。如果这种挑战成立的话，将不仅威胁认知科学中的各种天赋理论，还涉及经验论和建构论。针对格里菲斯的混淆论，塞缪尔斯提出了心理原语理论，解决了很多困扰其他解释的难题。根据心理原语理论，塞缪尔斯把认知结构分为"天赋的、习得的"两种。他认为非习得的就是天赋的。心理原语理论虽然并没有得到普遍的认可，但是对我们理解认知科学中的天赋论争论是有益的。就目前来说，不管理论学者们是同意还是反对用"天赋"这一概念，他们都强调天赋的因素。天赋因素的存在已经成为了一个普遍的共识。

　　天赋概念的应用与科学心理学解释（有不同的理论框架）之间有着密切的联系，这也是认知科学的目的所在。也就是说不同的认知科学研究纲领在解释心理结构的获得上是不一样的，因此天赋概念本身是一个"框架概念"。① 第一代认知科学将心智的内部状态视为抽象表征水平的逻辑或计算过程，形成了认知计算主义研究纲领。在认知科学内部，计算主义本身经历了从经典计算主义到新计算主义的发展过程，存在着符号主义、联结主义和行为主义三种研究范式。但是当从生物学的角度去追溯人类认知发展时，表征的计算无法充分展现。为了解决这一难题，关于人工进化、进化算法的种种方案就是这种探索的一个结果。"进化论转向"的目的论研究方法成为认知科学又一研究范式。20 世纪 80 年代产生的第二代认知科学观带有很强的综合性质。其基本观点是：认知是具身的、情景的、发展的和动力系统的，认知能力是在身体与脑的活动基础上、心智与环境的耦合中逐步发展的。

　　本书将根据科学心理学解释的不同对天赋理论进行框架划分。一是计算主义视野下的天赋论，包括符号主义范式下的语言天赋论、模块天赋论和联结主义范式下的基因天赋论。二是目的论视野下的天赋论，包含进化天赋论。三是折中性视野下的天赋论，包括具身认知论和自然主义走向的天赋论。

---

　　① R. Samuels, "Is Innateness a Confused Concept", In：Carruthers P. et al., *The Innate Mind：Foundations and the Future*, New York：Oxford University Press, 2007, p. 36.

第二章

天赋理论的历史溯源

　　关于真理性知识的来源问题，是一个古老而常新的话题。有关这一问题的争论自人类思维开始之初就存在，但直到今天仍然是一个活跃的主题。无论是古希腊哲学家还是东方古代哲学家对世界本原的认识中，都有朴素自发表现出的经验论和唯理论倾向。在哲学史上，天赋论总是和先验论、唯心论、先天论等紧密联系在一起与经验论、唯物论、反映论等进行争斗。虽然天赋理论时而辉煌时而消沉，但从没有离开过。传统天赋理论在面对来自传统经验论的挑战中，不断完善发展自身的理论来确保自身理论的合理解释性。在这个相互斗争的过程中，天赋的表现形式从"直接呈现"发展到"潜在存在"，天赋的理论问题从考察知识的来源问题到考察知识的条件问题等。这样传统天赋论的合理性在不断提升中。因此有必要考察天赋理论不同时期的理论形式及其演变趋势，了解传统天赋理论合理性与缺陷所在。不同国家在研究心灵的天赋性问题上由于文化背景、价值取向各有千秋，侧重点各有不同。西方侧重于心的本质、结构、奥秘、运作机制之类的问题，东方更重视人伦道德之类的问题。

第一节　西方天赋观念论的历史演变

在关于知识的起源问题上，人们根据各自的知识准则，得出两个不同的认知理论——唯理论和经验论。在西方哲学史上，天赋观念论总是和经验论纠缠在一起。因此在考察天赋观念论的时候总是要涉及经验论的批判，而天赋理论就是在这种批判的反批评基础上向前迈进。

一　柏拉图的天赋观念论

天赋理论的大发展及兴盛尽管是近代以后的事情，但古人对它的探索和贡献也不可小视。有的哲学家，如柏拉图等人的探讨还相当丰富，已经形成了天赋观念论的基本框架。

柏拉图的先验论思想有其深刻的背景条件。一是古希腊哲学的认识论前提。柏拉图的认识论实际上是在苏格拉底的道德哲学基础上提出的。二是古希腊朴素经验论思想，比如恩培多克勒的流射和孔道说，德谟克利特的影像论和亚里士多德的蜡块说等。[①] 他们的基本观点是人的认识来自感官知觉。但经验论无法回答一个问题，即感官知觉又如何获得知识的有效性呢？苏格拉底认为不能仅仅探求某一正义或勇敢道德行为，应为寻求其本质定义，即不因时因地而改变，具有普遍适用性。这样的正义或勇敢是感觉无法认知的，只有理性才能认知。人的感觉是不确定的，只有理性才能产生确定的真正的知识，才能认识客观真理。柏拉图继承并发展了苏格拉底的这一思想，将同一类事物的本质定名为"理念"（idea）。这样世界就分成理念的世界和现实的世界，前一个世界是真实的，后一个世界是虚幻的。那么两个世界之间是什么关系呢？是相互分离的吗？

---

① 曹剑波：《天赋观念论》，《唐山学院学报》2006 年第 1 期。

在《美诺篇》中，柏拉图提出了灵魂回忆说，以此来阐述"美德就是知识"这一观点。这也是针对朴素经验论无法解决的问题而提出的一种解决方案。在该书中，柏拉图首次提出了天赋观念论的学说。他认为"根本没有任何东西是从学习得来的，学习毋宁说只是我们对灵魂已知的、已具有的知识的一种回忆，而且这种回忆只是当我们的意识处于困惑状态时才被刺激出来。"① 随后在《斐多篇》中，柏拉图用回忆说论证灵魂不朽，认为人的一切知识都是由天赋而来，它以潜在的方式存在于人的灵魂中；他断言人在生下来之前，灵魂里就已经有各种各样永恒的普遍形式"理念"，只是在灵魂与肉体结合而降生为人的时候把它们暂时忘记了；后来受到经验的刺激，引起回忆，才重新恢复他原有的精确知识。② 柏拉图认为人能感受的现实世界只是反射更高层次世界的影子，是变化的暂时的，不能成为真理的来源。只有理念才是永恒的不变的静态的，所有理念世界才是观念的来源。接下来的问题是人的理念是如何获得的呢？

柏拉图认为人的理念是人的灵魂所固有的不变的，是从天上掉下来的。因此柏拉图所提出的理念论和灵魂回忆说认识论可以说是最早的极端天赋论观点。他主张人的一切知识都是由天生的，但是需要对知识的回忆而获得。因为知识以潜存的方式在人的灵魂里，灵魂中早就有普遍形式的各种理念，只是我们暂时忘记了，需要通过客观世界的刺激勾起对理念的回忆，然后找回原本就存在的真理性知识。也就是说柏拉图不否认感觉知识的作用，因为必须通过感觉认知人才能回忆起天赋的理念。可以说柏拉图的天赋理论仅仅是后期天赋理论的前奏，后来的天赋理论借助的对象要么是上帝要么是理性要么是基因等要素来开启先天知识的来源，为真理性知识的获得提供支持。例如在柏拉图以后，早期的斯多噶学派讨论逻辑和认识的问题时，注意到理

① 《柏拉图全集》第一卷，王晓朝译，人民出版社2002年版，第516—517页。
② 同上书，第72—77页。

性活动有逻辑的必然性。他们主张既然认识是有一些共同的原则，即共同的思想，那么这就可以成为我们认识的基本条件。那么这些认识的基本逻辑条件又不可能从经验中获得，只有可能来自天生，也就是天赋。

柏拉图将先验的形式当作真理性知识的唯一对象，但从未确切地说明那是什么形式，也未说明我们对这一形式的理解力在一般认知中起何作用。所以很难确信柏拉图把什么看作是天赋的，或他如何设想思维中天赋的作用。除了这些不确定性之外，柏拉图的观点还受到潜在混乱的回忆的威胁：如果知识获得是通过回忆的，那么我们之前的存在者又是如何获得知识的呢？尽管如此，柏拉图毕竟开启了天赋论的一种新的形式：天赋的东西是形式化知识。即现存的知识既不是先天的，也不是后天的，没有生而就有的知识，有的只是形式。其后来者莱布尼茨和康德发展的就是这种天赋论，尤其体现在康德对知识的划分上。

亚里士多德虽然是柏拉图的学生，但他反对柏拉图的理念论和灵魂回忆说。亚里士多德认为知识的来源是经验观察，需要通过特定现象的研究来提升事物的实质，在通过各种特定事物的实质的研究来研究整个世界。亚里士多德对哲学自然科学的研究主要采用逻辑演绎和归纳的方法。因此，正确知识的得出是依赖于可靠的经验事实证据，而证据本身不可能是天赋的，只能是通过经验观察才能获得的。亚里士多德认为人有把各种观察经验反复比较后概括出概念的能力。

尽管古希腊的认识论思想还处在西方认识论思想发展的幼年时期，但影响深远，留下了许多有关认识本身的宝贵成果。后来，中世纪经院哲学家们分别发展了柏拉图和亚里士多德的认识论思想，以宗教的形式表现出来两种不同的理论倾向："唯名论"与"唯实论"。而这场斗争一直持续了数百年。它们争论的焦点是一般是什么？一般与个别的关系是怎样的？它们在认识论上争论的问题就是概念的本质是什么？我们的认识是从感觉到概念，还是从概念到个别事物？在这些问题上，唯名论者，比如贝伦加里、洛色林和阿伯拉尔等持续以柏拉图为代表的唯理论倾向，认为一般仅仅是人用来表示个别事物的概念，不是真实的客观存在；唯实论者，比如托马斯·阿奎那等持续以亚里士多德为代表的经验论倾向，认为一般是真实的客观存在，它先于个别事物而存在。①

二 笛卡尔的天赋观念论

笛卡尔最早使用天赋观念（Innate Ideas）一词，是近代天赋观念论的突出代表人物。笛卡尔的天赋观念论从其方法论开始，起因于近代科学发展中对客观普遍性科学知识的哲学认识：既然科学知识具有普遍必然性，那么这种确切可靠的知识又是从何而来的呢？笛卡尔从发现真理的工具入手，提出普遍怀疑的方法和普遍数学的方法，并将其方法论运用于哲学思考中，得出了认识论"我思故我在"。

笛卡尔的天赋观念论与柏拉图的有什么不同呢？他的"观念"到底指的是什么呢？冯俊先生认为笛卡尔的观念具有两重性，有形式和内容两方面。"从形式上看，它是思维的某种方式；从内容上看，它和存在、对象相关联，反映了对象的实在性、存在的内容。"② 从上面对观念的解释可以看出，笛卡尔所讲的"观念"是一个范围很广的概念。具体而言应该包括：悟性的概念、悟性的行为、悟性的判断、想象的图像、意志的意愿、感觉和情感。

笛卡尔提"观念"的根本目的是要引出这样一个问题——"观念"从何而来？对于这个问题的回答，他认为观念是与生俱来的，是上帝赋予我们的。那么笛卡尔这里的天赋又指什么呢？"实际上笛卡尔所讲的'天生'或者'天赋'不外乎下面两层意思：观念存在于

---

① 徐瑞康：《欧洲近代经验论和唯理论哲学发展史》，武汉大学出版社 2006 年版，第44 页。

② 冯俊：《笛卡尔"天赋观念说"探本》，《中州学刊》1989 年第 2 期。

我们心中；形成观念的能力。"①"观念存在于我们心中"是告诉我们心中有很多的观念，这些观念可以随时随地被我们调用。"形成观念的能力"是告诉我们，虽然观念在我们心中可以随时调用，但是如果缺乏形成观念的能力，也不会产生观念。

"笛卡尔认为，从'天赋'于心中的许多天赋观念入手，合乎逻辑地推论，便构成形而上学和物理学。……一切明白清晰的观念都是天赋的，一切科学知识都是天赋观念或由天赋观念来的。"② 那么，笛卡尔的天赋观念的内涵就包括公理和普遍原则、上帝的观念、认识的能力以及简单性质的观念。笛卡尔的天赋观念在于获得确定性的知识，不是要解决认识的来源问题。他注重自然经验的方法，但从知识的确定性角度，注重数学、演绎，在天赋观念中寻求根基。他将哲学思想同科学发展相联结，是为了解决科学如何可能的问题。

笛卡尔认为"我思故我在"是天赋理论的标准，因为感觉知觉的知识容易被怀疑，是不可靠的，而只有怀疑本身不能被怀疑。因为真理性知识既然不是从感觉经验中推理得出，就只能是直观到的。那么天赋观念究竟是什么呢？笛卡尔认为是建立在"直接呈现说"理论之上的观念，是"出自我本性的"观念。但是笛卡尔的"直接呈现说"理论也不是坚持到底的。因为笛卡尔在使用天赋观念时，还提出了"天赋观念潜在发现说"和"天赋能力潜在说"。笛卡尔甚至认为我们的感觉（视觉、听觉、味觉以及触觉等）也是由心灵自身产生出来的，包含有先天的内容。由此可见，笛卡尔的天赋理论在什么是天赋观念问题上，在其著作中有不同解释的，其天赋观念论还处在探索阶段。不过后期笛卡尔对自己的天赋理论做了修正，明确指出所有的观念都要依赖于人的天赋能力。

笛卡尔的天赋理论遭到了来自神学、唯物主义及经验论的广泛强

---

① 《笛卡尔的智慧：笛卡尔人类哲学解读》，王劲玉、刘烨编译，中国电影出版社2007年版，第79—80页。

② 姚鹏：《笛卡尔的天赋观念论》，求实出版社1986年版，第18页。

烈的批判。例如霍布斯认为上帝观念不是天赋的。因为我们没有对上帝的实际观念，只有关于上帝的推论，而这一推论不过是在溯源过程中所设想的一个永恒的原因。而伽森狄对笛卡尔的"我思故我在"进行猛烈抨击的批判，认为"光说你是一个在思想的东西，你只说了一种活动，而并没有说明我这个实体是什么"①，也就是说笛卡尔的理论只能说明我存在，但不能说明我的特性，更不可能推断出其他东西存在的确定性。从这点上说，伽森狄几乎要将笛卡尔的哲学体系掀翻。

来自经验论的代表人物洛克对笛卡尔的天赋理论逐条进行批判，并在此基础上提出了"白板说"。他认为人出生的时候心智就是一块白板，后来人所经历的感觉和经验才是思想的主要来源。在《人类理解论》一书中，洛克批评了宣称人生下来便带有内在思想的哲学理论，他主张人所经历过的感觉和经验才是形成思想的主要来源。洛克认为白痴和婴幼儿并不知道"存在的东西存在"之类的天赋原则，那么"普遍同意"之说是不现实的。他指出所谓的普遍同意的原则是错误的，因为普遍同意的原则未必存在，即使有也不一定是天赋获得的。洛克对"潜在发现说"也进行了批判，认为根本无法找到衡量的标准去判断哪些是来自天赋哪些又不是。他认为笛卡尔的"天赋潜存说"是自相矛盾的，因为既然是天赋的怎么不能理解它，因此根本不存在天赋的观念或原则。②

因此，洛克认为人生下来的时候心灵里一无所有，好像一块干干净净的白板，并没有储存着任何天赋的痕迹，一切观念都是生后印到心灵上的。他说人们是通过感觉接受外界的描画，或者通过反省摄取心灵活动的情况，才形成各种观念的；感觉和反省都是经验，经验是人的知识的唯一来源。洛克还将观念划分为简单观念和复杂观念，但

---

① 伽森狄：《对笛卡尔〈沉思〉的诘难》，庞景仁译，商务印书馆 1997 年版，第 12 页。

② 洛克：《人类理解论》，关文运译，商务印书馆 1996 年版，第 10 页。

并没有提供合适的区分标准。他认为我们唯一能感知的是简单观念，而我们自己从许多简单观念中能够形成一个复杂观念。因此，他强调教育才是构成人最重要的部分，并断言人在认识时纯粹是被动的。

洛克反对天赋观念，但是主张天赋能力。他说："要把各种真理归于自然的印象同天赋的记号，那亦是一样没理由的，因为我们可以看到，自身就有一些能力，能对这些真理得到妥当的确定的知识，一如它们是原始种植在心中的。人们只要运用自己的天赋能力，则不用天赋印象的帮助，就可以得到他们所有的一切知识；不用那一类的原始意念或原则，就可以达到知识的确定性。"① 洛克对笛卡尔天赋理论的全盘否定，是想彻底打倒天赋理论。不过这一做法没有奏效，相反激起了唯理论者莱布尼茨的反批判。

虽然笛卡尔对各种反对质疑都做了一一回驳，但无法改变其自身所面临的困境。一是天赋观念究竟指什么，笛卡尔没有明确给出。二是笛卡尔所说的四种天赋观念都没有足够的说服力。三是其心身二元论无法协调心与物之间的关系。

三　斯宾诺莎的天赋观念论

斯宾诺莎的天赋观念论是笛卡尔天赋观念论的继承与发展，其天赋观念论也是从方法论出发的。在本体论上，斯宾诺莎认为世界只有一种实体，即整体的宇宙。他所提出的实体一元论克服了笛卡尔的心物二元论。在认识论上，斯宾诺莎和笛卡尔一样重视科学知识的普遍必然性，把理性认识放在首位，认为真理是自明的，理性直观到的清楚明白的"真观念"，是一切科学的基础。"真观念既然必定完全与它的形式的本质符合，又可知道，为了使心灵能够充分反映自然的原样起见，心灵的一切观念都必须从那个能够表示自然全体的根源和源

---

① 洛克：《人类理解论》，关文运译，商务印书馆 1983 年版，第 287 页。

泉的观念推绎出来，因而这个观念本身也可以作为其他观念的源泉。"
①那么斯宾诺莎这里的真观念可以理解为天赋观念，真观念是其他观
念的源泉同时也是方法。这种真理自明论强调科学观念的直观性、内
在性，与经验论相对立。

"真观念"是斯宾诺莎认识论的出发点，他所指的观念到底是什
么呢？在《伦理学》第二部分，斯宾诺莎指出："观念，我理解为心
灵的概念，它为心灵所形成，因为心灵是能思想的东西。……我说
'概念'而不说知觉，因为知觉这个名词似乎表示心灵之于对象是被
动的，而概念一词则表示心灵的主动。"②斯宾诺莎并不认为在没有
任何条件下，心灵可以随意产生，尽管观念是心灵形成的。他经常把
观念和本质联系在一起，认为观念本身包含着肯定和否定。既然观念
有肯定和否定的方面，必然就包含有对错了。这样，"斯宾诺莎把观
念区分为真观念、错误观念、虚构观念和可以观念，并讨论了使人的
心灵尽量避开错误观念、虚假观念和可疑观念的途径"③。斯宾诺莎
认为真理的本性只能由真理的内在特质加以说明，即真观念包含有绝
对的确定性。那么真理的标准不可能是别的什么，只能是真理自身。
由此可见，真理的内在特质就是其确定性。"真观念"就相当于几何
学中的公理，有先于其他观念存在的特征，所以是天赋的。

斯宾诺莎认为尽管"真观念"是其他观念的来源，但是知识不仅
仅有"真观念"。他在《知识改进论》中把知识分为四类，后又在
《伦理学》中将前四种知识进行概括，提出了三种知识。第一种是意
见或抽象；第二种是由理性获得的知识；第三种是直观知识。他认为
不同类的知识在确定性上面是不一样的。斯宾诺莎一方面受传统神学
观念的影响，认为存在于上帝之内的观念都是真观念；另一方面又承

① 斯宾诺莎：《知识改进论》，贺麟译，商务印书馆 2000 年版，第 35 页。
② 斯宾诺莎：《伦理学》，贺麟译，商务印书馆 1983 年版，第 44 页。
③ 谭鑫田：《知识·心灵·幸福：斯宾诺莎哲学思想研究》，中国人民大学出版社
2008 年版，第 160 页。

认存在错误。他想克服两者的内在矛盾，但是没有做到。斯宾诺莎的认识论既有英国经验论的影子，也有法国唯理论的观点，是对两者的继承和发展。在认识论的前提上，他是一个唯物主义者；在认识过程问题上，他又是一个唯心主义者。

四　莱布尼茨的天赋观念论

斯宾诺莎为了解决笛卡尔心灵实体学说所带来的心物分裂二元论的困难，而转向绝对的一元论。但这种一元论使他把笛卡尔直觉理论中的现象学因素抛弃了，陷入了彻底的概念分析自明性。对于笛卡尔的现象学因素，莱布尼茨不仅没有抛弃，而且发展性地提出了原始的事实真理的可能归因于"感受的直接性"。胡塞尔很高地评价了莱布尼茨："莱布尼茨的长处在于，他在近代是第一个理解了柏拉图唯心主义的最深刻和最重要意义的人，因而也是认识了观念（idea）便是在特有的观念直观中自身被给予的统一性的人。人们可以说，对于莱布尼茨来说，作为自身被给予意识的直观是真理和真理意义的最终源泉。"[1]

莱布尼茨针对经验论者对笛卡尔抽象的天赋观念论和心物二元论的困境的猛烈抨击，进一步修正了笛卡尔的天赋观念论。具体表现在他针对洛克的《人类理智论》写了《人类理智新论》一书，专门对其天赋论的批判一一做了反驳。在《人类理智新论》的序言中，他主张："灵魂本身是否像亚里士多德和《理智论》作者所说的那样，是完完全全空白的，好像一块还没有写上任何字迹的板；是否灵魂中留下痕迹的东西，都是仅仅从感觉和经验而来；还是灵魂原来就包含着许多概念和学说的原则，外界的对象是靠机缘把这些原则唤醒了。我和柏拉图一样持后面一种主张……"[2] 他首先提出认识主体是能动

---

① 《胡塞尔选集》，上海三联书店1997年版，第174页。
② 莱布尼茨：《人类理智新论》，陈修斋译，商务印书馆1983年版，第3页。

的，并不是之前经验论者所说的是被动的。接着，他指出根据洛克的反省是观念的一个来源可以推论出天赋观念的存在。莱布尼茨这样攻击这一理论："他在用整个第一卷来驳斥某种意义下的天赋知识之后，在第二卷的开始以及以后又承认那些不起源于感觉的观念来自反省。而所谓反省不是别的，就是对于我们心里的东西的一种注意，感觉并不能给予我们那种我们原来已有的东西。既然如此，还有否定在我们心中有许多天赋的东西吗？"[①]

莱布尼茨对笛卡尔现存的天赋观念学说进行了扬弃，认为天赋观念是"作为倾向、禀赋、习性和自然的潜能天赋在我们心中，而不是作为现实天赋在我们心中，虽然这种潜能也永远伴随着与它相应的、常常感觉不到的某种现实"[②]。因此，天赋观念与感觉经验是密切联系在一起的，是发展变化的。由天赋而存在于人心灵中的不是具体的真理性观念的内容，而只是形成观念的潜在能力；这些能力被外界现象唤醒后才会产生相应的观念。在莱布尼茨那里，天赋观念是一个复杂的系统。最高层是以单子概念为核心的形而上学，接着是以"爱"为核心的伦理学，然后是逻辑学、数学等。莱布尼茨又将形而上学、伦理学与逻辑学、数学区别开来，认为前者是为实质的直觉所把握，后者是由形式的知觉所把握。[③]

莱布尼茨主张虽然经验对于认知是必要的，但只提供个别的真理，不能建立人类普遍知识的原则。他认为普遍必然的观念本来潜在于主体中，只是通过经验由潜意识的状态进入意识状态。就像大理石的条纹在没有雕刻以前就已经存在于大理石中一样，我们认识和发现真理时，真理就天然地存在于我们心中。大理石需要工匠的雕琢才能使潜在的花纹显现，真理也是要通过经验引发思想才能得以揭示。潜在的观念转化为真理，是理性和感性共同作用的结果。莱布尼茨的辩

---

① 莱布尼茨：《人类理智新论》，陈修斋译，商务印书馆1983年版，第6页。
② 同上书，第7页。
③ 桑靖宇：《莱布尼茨与现象学》，中国社会科学出版社2009年版，第31—32页。

证法思想使认识学说提高了一步，注意到应当研究认识的主观能动性，但他的认识论还是属于唯理论的范畴。柏拉图提出天赋观念是为了解释认识的来源问题，笛卡尔的天赋论是为了解决普遍必然有效知识获得的前提条件，莱布尼茨则在此基础上又上了一个台阶。莱布尼茨很显然想调和经验论和唯理论之间的矛盾，提出了各自的合理性及其缺陷。他的天赋观念不是现成的知识，而是潜在的可能条件，同时潜在变成现实，还需要感觉经验提供"机缘"。

莱布尼茨的天赋理论与笛卡尔的有很大不同，在与经验论辩驳的过程中抛掉不合理因素，大大增强了天赋理论的论证力度。他不仅扬弃了"直接呈现说"，用潜在的显现理论代替；而且还探讨了天赋理论转化为现实的诱因，即感觉经验。正如梯利所说："莱布尼茨提出这种学说，目的在于调和先验论和经验论，后来康德进行了大量的这样的工作。他也把空间看作是心灵的形式，这也部分地显示了康德的思想。"①

五 康德的天赋观念论

罗素提出莱布尼茨的天赋观念有重大的理论困境。他认为：莱布尼茨虽然说明必然的真理是天赋的，但是不得不认为甚至一切被认识的真理都是天赋的。这样莱布尼茨又怎样区分感觉观念和别的观念呢？另外，"莱布尼茨说观念存在于心灵中的唯一理由就是它们显然不可能存在于心灵之外。看来他似乎从来未曾问一下他自己，为什么这些观念能被设想为根本存在着，也未曾想到把观念化为纯粹的心理存在物所带来的困难"②。

康德为了解决莱布尼茨未解之难题，围绕"先天综合判断如何可能"这一中心主题，提出了其独特的天赋观念论。他通过一种双重选

---

① 梯利：《西方哲学史》，商务印书馆1995年版，第416页。
② 罗素：《对莱布尼茨哲学的批评性解释》，段德智译，商务印书馆2000年版，第206页。

言对知识进行划分：认识或者是先天有效的或者是后天有效的；判断或者是综合的，或者是分析的。那么知识就是四种联结：先天分析判断、后天分析判断、先天综合判断和后天综合判断。先天综合判断在概念上讲是可能的，不过这种可能性是否可以实现则是一个问题。这个问题的解答关系到形而上学的命运。不过康德的这一定义使得精确概念的寻找出现困难，使一些实用主义者如奎因对概念的用处产生了怀疑。

在康德看来，人类知识的来源首先是经验。但经验知识不具有必然性，所以知识只是时间上始于经验，所以时间上的优先并不能说明实质上的起源。他认为虽然只有先天的知识才是普遍必然的，但是知识也不是普遍必然的在理性之中。先天综合判断之所以可能的条件，不能是外来的，只能是认识主体所固有的先验形式，如感性的空间和时间，知性的概念或范畴。没有这些先验的形式，就不可能有经验。"无感性则不会有对象给予我们，无知性则没有对象被思维。思维无内容是空的，直观无概念是盲的。因此，使思维的概念成为感性的（即把直观中的对象加给概念），以及使对象的直观适于理解（即把它们置于概念之下），这两者同样都是必要的。"① 所以，康德的天赋观念论调和了唯理论和经验论两者之间不可逾越的鸿沟，既认同经验论的外部刺激思想，又保留了天赋观念论的唯理论成分。康德的天赋所指就是形式。康德认为人类的知识包括先验感性形式和先验知性形式两种，而正是这些先验形式给"自然界规定规律"。"理智是自然界的普遍秩序的来源，因为它把一切现象都包含在它自己的法则之下从而首先先天构造经验（就其形式而言），这样一来，通过经验来认识的一切东西就必然受它的法则支配；因为我们不是谈既不依据我们的感性条件，也不依据我们的理智条件的那种自在之物的自然界，而

---

① 康德：《纯粹理性批判》，邓晓芒译，人民出版社 2004 年版，第 52 页。

是谈作为可能的经验的对象的自然界。"① 由此可见，康德认为人类的心灵有许多潜在的资源就像地球蕴含丰富资源一样，因此其批判哲学实为心灵哲学。

通过以上对天赋理论主要人物思想的回顾，不难看出天赋理论与经验论在发展的过程中相互借鉴容纳的现象。天赋理论从一开始与经验论绝对的界限划分，到后来使用经验论的某些论证完善自己；从绝对的天赋理论到相对的天赋理论；从知识的来源问题到知识获得的条件问题。在天赋理论的发展历程中，天赋观念既有其无法克服的困难，也有其合理性存在。因此，天赋理论的合理性要素在现代科学背景下同样得到了提升。

第二节　东方天赋论思想的历史渊源

翻开中国哲学和印度佛学的经典之作，不难发现尽管其中天赋理论的提法没有明确出现过，但是在论述哲学思想的过程中无一不包含着天赋论思想。

一　先秦时期的天赋论思想

在《论语·季氏》中，孔子提出"生而知之者，上也；学而知之者，次也；困而学之，又其次也；困而不学，民斯为下矣。"② 他认为不同的人在获得知识上是有差别的。有的人不用学习就可以获得知识，这样的人就是圣人。在《论语·阳货》中，孔子又提出"惟上知与下愚不移"，也就是说最聪明的人与最愚笨的人的认识能力是无法改变的，因为"天命"是人力所不能改变的。既然人的认识能力无法改变，是不是说明教育没有任何意义呢？孔子接着否定了这种

---

① 康德：《任何一种能够作为科学出现的未来形而上学导论》，庞景仁译，商务印书馆 1997 年版，第 124 页。

② 郭齐勇：《中国哲学史》，高等教育出版社 2006 年版，第 32 页。

观点，他说"我非生而知之，好古，敏以求之者也"，所以要"学而时习之"。由此可见，孔子不仅强调学习的重要性，还十分重视学习的方法和态度。他的天赋思想有内在的矛盾，既认定人与人之间天生的差异，并且无法改变；又肯定后天的学习、教育有重大作用。

《孟子·尽心》中，孟子提出天赋道德观念："人之所不学而能者，其良能也；所不虑而知者，其良知也。孩提之童，无不知爱其亲也；及其长也，无不知敬其兄也。亲亲，仁也；敬长，义也。无他，达之天下也。"[①] 孟子认为人有不学而能的"良能"，不虑而知的"良知"，仁义礼智就是人本身所固有的一种天性。因此，"良心"、"良知"不仅仅是道德之知，而且是天赋之知。良心对于所有人都是一样的，"圣人之于民，亦类也"。人皆可为尧舜，没有所谓外在的仁义，尧舜只不过是"由仁义行，非行仁义也"。孟子认为虽然良心是内在的固有的，但也需要培植和守护。因此，他也充分肯定了智性的学习作用，也就是教育的意义。

孟子又是如何对性善论进行论证的呢？孟子没有具体分析人性是什么，而是直接将人性定性为善。"人性之善也，犹水之就下也。人无有不善，水无有不下。"[②] 人生而就有恻隐之心、羞恶之心、辞让之心和是非之心。孟子认为人先天所具有的"四心"就是人的道德本能，这是人先天具有的道德素质。由这最初的道德本能又能滋生出"仁义礼智"四"善端"。他认为人首先有"不忍人之心"，而善性四端就是内置在人心的伦理规范。"仁义礼智，非由外铄我也，我固有之也，弗思耳矣。"（《孟子·告子上》）[③] 孟子认为善端是人生而就有的。每个人的境况不同，天赋的善端表现也会不一样。这种差异不在

---

① 参见中央党校编写小组《唯心论的先验论资料选编》，商务印书馆 1973 年版，第 5 页。

② 杨伯峻：《孟子译注·告子章句上》，中华书局 2005 年版，第 254 页。

③ 参见中央党校编写小组《唯心论的先验论资料选编》，商务印书馆 1973 年版，第 6 页。

于人性不同，而在于是否努力扩充心之善端。"恻隐之心，仁之端
也；羞恶之心，义之端也；辞让之心，礼之端也；是非之心，智之
端也。人之有是四端也，犹其有四体也。有是四端而自谓不能者，
自贼者也；谓其君不能者，贼其君者也。凡有四端于我者，知皆扩
而充之矣，若火之始然，泉之始达。苟能充之，足以保四海；苟不
充之，不足以事父母。"（《滕文公上》）① 以上就是孟子的四善端
说。即人的天赋道德，是人天生所具有的。仁义礼智四"善端"的
道德理性相比"四心"的道德本能更进了一步。因为道德本能只是
善性的开始非常不稳定，有可能丢掉，即"人心可失"。"心之官则
思，思则得之，不思则不得也。"② "万物皆备于我矣。反身而诚，
乐莫大焉。强恕而行，求仁莫近焉。"③ 因此，从道德本能再到道德
理性需要的是不断的反省自身的道德意识，认识到它的内在必然
性。在孟子看来，每个人都具有先天的道德本能，但是从道德本能
朝道德理性的发展只是一种潜在的可能，而非现实。所以，每个人
都需要回到自己的本心，认识到自己内心的善端，并不断扩充它，
在实践中不断地实施。这就是孟子一整套的向内心反求的个人道德
生成理论。

先秦儒家经典《性自命出》、《孟子》、《中庸》等在对人性的看
法上是一致的，都把人性看作来自天命的，即"天命之谓性"、"尽心
知性知天"。在关注人性的过程中，中国古代哲学家并没有就人性讨
论人性问题，而关键的是探索人性的来源和根据问题。所以无论性本
善还是性本恶的观点，都是将人性的根源指向了人本身之外的世界。
人性的根源是什么？在儒家那里，指的是"天"；在道家那里，则是

---

① 参见中央党校编写小组《唯心论的先验论资料选编》，商务印书馆 1973 年版，
第 5 页。
② 杨伯峻：《孟子译注·告子章句上》，中华书局 2005 年版，第 270 页。
③ 同上书，第 302 页。

"道"。孟子认为"尽其心者知其性也，知其性则知天也"（《尽心》）①，"尽性知天"将人性归于天性。荀子也认为人性归于天，人的一切都源于天，"凡性者，天之就也"（性恶）。这就为人生来就有种种善端或是恶提供了理论依据，即性善性恶都是天决定的。道家认为道乃"万物之母"，是宇宙万物的根源。人也是得道而生的，因此人的本性由道决定，即"自然"。"有物混成，先天地生。寂兮寥兮，独立而不改，周行而不殆，可以为天下母。吾不知其名，字之曰道，强为之名曰大。"②

二　秦汉及后来的天赋论思想

董仲舒乃汉代大儒，是儒家思想的集大成者。他认为人受命于天，"天地之所生，谓之性情……情亦性也，谓性已善，奈何其情"（《玉杯》），"今善善恶恶，好荣憎辱，非人能自生，此天施之在人者也"（《竹林》）③。董仲舒认为既然"天人相类"，那么人的一切都由天定，无法改变，尤其是人的善恶及辨别善恶的能力都是受命于天的。不过受孔子影响，他把人性分三类。董仲舒认为最上的圣人与最下的庸人两种人性无法改变，无法互换。但是"中民之性"是可以通过教化来改变的。与先秦儒家不同之处在于，董仲舒将儒家思想发展成为官方哲学。他的"天赋善恶论"不仅仅有人的自然性一面，也有社会性一面。因为他将社会伦理观念及其价值观都看成人不学而备先验的自然性。

继董仲舒之后，王充对人性论作了重大研究。他强调世界的本体是"元气"。人也是由元气构成的，但是不同的人所受的元气厚薄不

---

① 参见中央党校编写小组《唯心论的先验论资料选编》，商务印书馆1973年版，第5页。

② 《老子》第二十五章。参见中央党校编写小组《唯心论的先验论资料选编》，商务印书馆1973年版，第7页。

③ 同上书，第13页。

同。因此有三种不同的人，即善人、恶人、中人，这就是王充的性
"三品说"。唐代的韩愈认为"生之谓性"，"性也者，与生俱来也"
（《原性》），即人性乃是天之所命。到了北宋时期，王安石用太极来
说明人性，认为太极就是人类善恶的本源，是世界的本体。南宋时期
永嘉事功学派的代表人物叶适主张人性天赋，不过这里所指的天赋是
天然的意思。叶适既反对人性善论也反对人性恶论，认为人性既然是
天赋的，就无所谓善恶。朱熹将"理"融入人性的解释之中，认为
人以及人性要以理为根据。气质之性是由理气相杂而成，那么人的
"天命之性"本质上就是理，即"性主于理"。程朱理学认为天理是
宇宙之本，是人性的根本。朱熹是程朱理学的集大成者，其理学思想
对后世影响极大。宋明理学认为"性即理"同时"理即性"，扩大了
"理"的范围，将"理"看成是自然的本质规律。因此，仁义礼智信
不仅是人性的本质属性，还是整个宇宙的本质属性。

　　中国古代哲学在人性思想上提出了为善、为恶、有善有恶、性即
理等思想，其来源都倾向于天赋论。总体来说，后来的人性天赋论思
想都是在继承和发展孔子的"生而知之"这一命题。尽管儒家的心
性在内容上各有不同，指称也有不相同，但都是在"生之谓性"、
"性自命出"之一思想渊源上延展开来的。中国古代天赋论思想无一
不打上了伦理道德的烙印，这与西方传统天赋论有明显区别。

　　不过西方天赋论中的道德天赋论也构成了其伦理学的基本内容。
例如莱布尼茨提出道德原则天赋论，他说道德原则不是来自经验，而
是来自天赋理智。莱布尼茨认为是上帝给了人类一种本能，使人们不
经理智的推理和论证来决定自己的行为，处理某些理性所需求的事
情。一般情况下，人的行为遵循良心的本能。莱布尼茨强调不是利益
决定道德原则，而是利益使人模糊了自然铭刻在人心中的道德原则。
康德也认为：道德是"善良意志"的"绝对命令"，而"善良意志"
就是受理性支配的、不以环境为转移的意志。康德进一步说，教育属
于感性世界，不可能为理性世界提供任何普遍的道德原则。也就是

说，教育对道德无助。

综上所述，西方传统意义上的天赋论是指自柏拉图、笛卡尔以来的哲学观念，认为先天的观念是由上帝或其他相当的存在放在人的大脑中的，从内容到形式上的天赋。其演变轨迹是："由有神论的天赋观念论向泛神论的天赋观念论演变，由现实的、明白的天赋观念论向潜在的可能的天赋观念论演变，从与经验论严格划界的天赋观念论向与经验论相关联的天赋观念论演变。"① 中国古代哲学中的天赋论思想非常丰富，不仅有的思想家承认有先天知识天赋道德的存在，而且还对天赋思想进行思辨和论证。在佛家经典《六祖坛经》中也探讨了天赋知识的来源问题，"智从自性生，何假向外求"。

从中西传统天赋理论的比较上来看，中国哲学瞄准的是天赋的潜在可能性、倾向或禀赋，与莱布尼兹所说的"大理石花纹"、康德所说的心灵所具有的先天知识原理、道德原理、审美原理的确有某种可比性。它们的共通点在于，都承认心灵不是白板，上面不是什么都没有，而是有点什么。这种"有"不是后天获得的，而是先天的或天生、天赋的。就像荀子所说："性者，天之就也。"② 在莱布尼兹和康德那里，都明确肯定心一开始就有自己潜在具有的东西，就如同大理石一开始就有自己的"花纹"一样。其次，只是一种可能性，而不是现实，因此具有因条件、践行而变的可塑性。尽管有相同之处，但中西哲学在天赋理论上的差异也很大。首先，中国讨论天赋问题主要是为揭示成圣的先天根据及原理，而西方的天赋观念论主要是围绕认识论的目的而建立起来的。其次，中国天赋理论既要探讨人的认知问题，又要探讨善的先天根据和努力方向。比如荀子说："凡以知，人之性也。"③ 他的意思是：人之所以能知，一定存在其先天的性。最

---

① 刘燕青：《简论西方哲学传统中的"天赋观念"说》，《陕西教育学院学报》2009年第3期。

② 《荀子·正名》。

③ 《荀子·解蔽》。

高的善的先天根据，即如仁义礼智四端。如果有这些根据或"端"，那么就有成圣的可能，换言之，"圣可学而致"。

总体来说，天赋理论在推进人类思维前进方面起到了不可磨灭的作用，但毕竟不能合理解释人类认识的本质问题，所以在相当长的一段时间不被人认可。值得关注的是天赋理论不仅没有就此消失，而是更加强势地出现在人们面前，成为当代哲学界、心理学界、语言学界、神经科学界等多学科讨论的热点问题。

佛学思想博大精深，至今仍然是东西方学者争相探讨的话题。而佛教唯识学又是佛学中最能与现代学术进行交流的理论，因此有必要挖掘其中的天赋思想与现当代西方天赋理论进行对比分析。

第三章

佛教唯识学中的天赋理论

印度佛教从最早的原始佛教、部派佛教到后期的大乘佛教的各大支派，都无不从世间实相的认识出发，提出自己关于"成佛"的理论。大乘佛教时期有两个主要对立的派别：中观派和瑜伽行派。瑜伽行派的创始人是无著、世亲两兄弟，他们对中观派所执"空"提出异议，主张从"妙有"的角度理解万物的本性。针对中观派较松散的认识体系，瑜伽行派又提出了唯"识"的认识方法。瑜伽行派的经典传译到中国经历了三次。一是后魏菩提留支传译了世亲的《十地经论》，经过弘扬形成了地论学派。二是南朝梁陈之际真谛大师传译了《摄大乘论》，尔后形成了摄论学派。三是大唐玄奘西行求法，带回了唯识论经典，并设立国家译场进行翻译，后其弟子窥基创立唯识宗。作为一个宗派，在唯识学的传承历史中唯识宗只占据了很短的一段历史。会昌法难后，法相唯识宗逐渐沉寂。但唯识学成功地纳入了"性宗"框架之中得以传承。唯识学是大乘佛教义理中最富哲学思辨、最繁琐的学问，也是最能与现代学术进行交流的理论。唯识学本体论的核心观点认为阿赖耶识不仅仅是生命之主体，而且是统合一切现象之根源。其基本命题"唯识无境"认为一切客观现象都是主观心识的变现，没有真实外境的存在。唯识学同西方天赋理论有很多不谋而合之处，也与现代心理学、现象学关系密切。

第一节　唯识"八识"说与"识分说"

在佛教哲学中，"心"是一个非常重要的范畴，是人性（佛性）真正的承担者。而佛教中的"心"也有不同的指谓：一是"肉团心"，指物质的心，心脏；二是"缘虑心"，指思考之心，主要指意识；三是"集起心"，指第八识；四是"如来藏心"，指芸芸众生中具有的真实本性之真心。在结构上，"心"又分为两个方面：心王和心所。"心王"指六识或八识的识体而言，"心所"指从属于心王的种种作用。佛教根据不同情况不同角度对"心"进行了分类。唯识学提倡"八识"说，认为"心"是第八识，是产生一切万物的根本识。

一　唯识"八识"说

在佛学经典《解深密经·心意识相品》中首次提出了"一切种子心识"的观点。唯识学从认识论出发，主张"三界唯心，万法唯识"。这一总纲领认为世间万法都是自己的认识对象，而去证知这些对象的途径除了语言思维之外，就只有名想概念了。为了阐明其要义，就必须说明意识变现世间现象的机制何在。这就是唯识学的"八识"说和意识的四分说。

法相唯识宗之教义论典就是唐代玄奘法师所翻译的《成唯识论》，本身也是作为护法系解释《唯识三十颂》的注释。法相唯识宗基本教义包括以八识为内容的"心识论"、"唯识无境论"、佛性论以及"五重唯识观"。同其他佛教宗派的"六识"不同，唯识宗在"心法"上持"八识"立场。唯识宗认为，在一切法中，"心"最殊胜，将眼识、耳识、鼻识、舌识、身识、意识、末那识和阿赖耶识这八识中的阿赖耶识当作世间万法之所以生气的最终依据。根本识是其他各识所依之体，"是眼识等所依止"。^①佛教将"识"进行了各个层次精细的划分：前五识是五"色根"，后三识为"三意根"。前五识都有自己的所依根，根据各自之根方可现。这类似于西方哲学中的"感官意识"或对物质对象的感知。第六识和前五识根本不同，可以"了别一切法"。第六识虽然有自己之所依根，但指前念之识。也就是说第六识虽然指向形式化的概念，但是仍然脱离不了现成的可把捉到的东西。因为前六识皆灭仍有细隐层面之识未灭，那么在细隐层面上，既有具有我执功能之识，又有作为其所缘对象之根本识。前者就是末那识，后者就是阿赖耶识。第七末那识所指就是意识的主体"自我"本身，在某种意义上就是"自我意识"。第八阿赖耶识不指向任何对象，它是世界的根本。如无著云："阿赖耶识亦是有情世间升起根本，能生诸根、根所依处，及转识等故。亦是器世间生起根本，能生器世间故。又即此识亦是一切有情相互生起根本，一切有情互为增上缘故。"^②法舫法师将阿赖耶识类似于潜意识，"阿赖耶识，依心理学说，是一种潜意识，或曰无意识。所谓潜意识者，这是说明它的功能作用是一种潜伏而不显现的不活动的心力。无意识者，是说它没有意识活动作用的心，潜意识是别有其功用的。""阿赖耶识在唯识上名为'不可知'，因为它的作用微细而不可知，但是它有它的功用——含藏种子，执持根身，缘虑器界；只不过是我们的意识所能了知的，故阿赖耶识就是潜意识。"^③

在《成唯识论》中，根据阿赖耶识的自相、果相、因相的分位，又名藏识、异熟识和一切种识。名藏识是因其"具有能藏、所藏、执藏义故"^④。称为异熟识是因为"此是所引诸界、趣、生善、不善业

---

① 《成唯识论》卷三，《大正藏》卷三十一，第15页上。
② 无著：《显扬圣教论》，《大正藏》卷三十一，台北：财团法人佛陀教育基金会出版部1990年版，第567页下。
③ 释法舫：《法舫文集》第二卷，金城出版社2011年版，第205、206页。
④ 《成唯识宗》卷二。

异熟果故，说名异熟。离此，命根、众同分等恒时相胜异熟果，不可得故"①。如果不能认识异熟识的引生作用，则人类的认识也无从谈起。从因相上看，阿赖耶识"能执持诸法种子令不失故，名一切种。离此，余法能遍执持诸法种子不可得故"②。第八识含蕴一切种子，世间杂染诸法皆由它生。

根据发生学的次序上来看，尽管阿赖耶识称作第八识，但是最本源的意识。在世亲《唯识三十颂》中用"三能变"对"八识"加以区分：阿赖耶识是初能变，末那识是二能变，其他六识为三能变。这样世间万法的缘起就是阿赖耶识自我展开和变现的结果，即"一切唯识"。八识学说主要分析识的源及关系，接下来就要具体探讨唯识意义上诸识所具有之结构。

二 唯识"识分说"

唯识学主张唯识无外境。这里的外境是指凡夫所执的先于或者独立于"心识"的存在者。一般所执外境有四种。一是"主客论"，即心识是能取即主体，而所对镜就是所取即客体，两者在本体论上又是相互独立的自在实体。这实际上就是实体二元论。二是"唯客体论"，认为只有客体才是独立的实体，一切心识都是从属于客体的次级存在。这也可称为客体一元论。三是"唯主体论"，主张唯有心才是独立实存的实体，其他心理现象都是派生物。这也可称为主体一元论。四是任何形式的有执之本体论，这一本体可以是任何形态、关系等，具有常一性和自在性。在唯识学看来，外境是绝无体性，是凡夫的颠倒执着。因为一切法不能独立于心识存在，其根本是心识的显现，因此唯心识而无外境。

由于所显现的外境有不同的分类，那么有必要将识相应地加以区

① 《成唯识宗》卷二。
② 同上。

分。八识所显现各自的外境都有能取、所取之别，那么能取、所取显现的每一识在结构上就应该有相应的区分。这就有了识的结构细分，有了识之二分说、三分与四分说。唯识四分论是从"一分"发展而来的，这"一分"就是凡夫动念之"心"。玄奘译《成唯识论》提出了唯识四分论：见分、相分、自证分、证自证分。见分就是能缘，相分是所缘，见分和相分所依之体相是自证分，证明自证分存在的是证自证分。用照相的比喻来区分此四分："见分"是相机，"相分"是景物，"自证分"就是照相者，"证自证分"则是照相者调整焦距将景物清晰摄入。现在德国现象学家耿宁（Kern）把唯识的这四分结构用现象学的用语一一对应如下：见分——客观化行为（an objectivating act）；相分——客观现象（an objective phenomemon）；自证分——自身意识（self-consciousness）；证自证分——自身意识的意识（consciousness of self-conciousness）。

识作为"能缘"与所对镜作为"所缘"，都是阿赖耶识种子所产生。因此，八识都同时具有见分和相分，可以一分为二。那么，阿赖耶识的见分就将自己的一个构成环节转化为要认识的客观对象，即外境。所以认识不是直接对外在实体的对象本身，二是通过获取其影像来认识的。两者在认知发生上具有相对独立性，虽然不是能取与所取的关系，但构成了似能取与似所取关系。这样两者是相别但不相离，各有体性，但不是相互独立。

唯识学者们否认外境，因此从严格的知识标准来看，见分有时靠不住。那么在见分和相分之间必然存在一个可以将两者连接起来，同时又可以确证、摄取两者的第三个环节，这就是"自证分"。见分和相分作为自证分的两个不同方面，表现的是意识中比较明显的构成要素。自证分则是识的本原和自体，来揭示意识生成。接着的问题是，如果认识中所有环节都需要经过自证，那么谁来论证"自证分"本身呢？这就必须加一个论证自证分的环节，即"证自证分"。但是同样的问题再次出现：谁来论证"证自证分"呢？如此下去，岂不是无限循环？唯识学认为自证分与证自证分彼此互缘互证，这样就避免了无限后退。自证分和证自证分作为内在认知元素，可以相互论证，构成一个认证循环，这样就形成了一个完整的认知过程。

第二节　唯识"种子"说与"新熏说"

唯识学认为一切法缘起之因是阿赖耶识，而阿赖耶识能生起诸法之功能差别，所以是诸法生起之亲因种子。在《摄大乘论》中有详细的说明："阿赖耶识中诸杂染品法种子，为别异往？为无别异？非彼种子有别实物于此中往，亦非不异。然阿赖耶识如是而生，有能生彼功能差别，名一切种子识。"① 缘起的因缘和合性也称为依他起性。这里的"他"就是阿赖耶识种子。

一　唯识"种子"说

"种子"是唯识学中一个核心的范畴，一切唯识理论都是在"种子"基础上建立并展开的。什么是"种子"呢？在《成唯识论》卷二中这样解释："谓本识中亲生自果功能差别。"② 在《摄大乘论释》中有一譬喻说法："由与生彼功能相应故，名一切种子识。于此义中有现譬喻，如大麦子于生自芽有功能故，有种子性。"意思是说：阿赖耶识能生起现行就和大麦种子能生起麦芽是一样的，这样就将阿赖耶识能生起现行的功能比喻为种子。种子就是第八识中能够直接生起各自果相的各自功能。

种子作为生起现行之亲因，又可分外在相和内在相两个方面。外在相就是种子的外在特征，有种子六义。第一，刹那灭。种子有生灭变化，不同于常往不变的无为法。第二，果俱有。种子有产生现行的

---

① 《摄大乘论本》卷上，《大正藏》卷三十一，第134页下。
② 《成唯识论》卷二，《大正藏》卷三十一，第8页。

功能，由现行可以推出种子。第三，恒随转。第八识阿赖耶识能保持"一类相续"种子，种子生现行，现行生种子，持续不断，一直到成佛的究竟位。第四，性决定。善、恶或无记性质的种子只能产生相应的现行，其功能是固定的。第五，待众缘。种子要变成现行还需要其他条件的配合，也就是需要"待"，不是永远具有的。第六，引自果。色法种子只能引生色法之果，心法种子只能引生心法之果，不可互为因缘。阿赖耶识含藏这具有"六义"的种子，它就可以变成宇宙万物。"由一切种识，如是如是变，以展转力故，彼彼分别生。"①由于藏一切种子阿赖耶识的变现，种子变现行，现行变种子，宇宙万有产生。而阿赖耶识也就成为变现物质世界的本原。

种子因相的内在性，就是现行亲因的内在性质，有七因相。第一，无常法为因。因者必是无常法，因为常法没有生发力，不可能为发生因。第二，与他性为因，与后性为因。因者必须与他性为因，否则就会导致自生自的谬论。因者要保证现行世界的相似相继，必须前后等流。第三，已生未灭为因。因为"刹那灭"，所以不存在未生和已灭。第四，得余缘为因。因者必须待因缘和合方能为因生果，因未成熟不能生果。第五，成变异为因。种子转为现行还需要其他条件。第六，与功能相应为因。因者其生果功能必须个别决定，一切法皆各有其确定之因，否则因果混淆错乱。第七，相称相顺为因。因者作为因只能生自果。因即因缘，实际上就是唯心意义上之种子。而种子作为因还有一个重要的特点，就是无覆无记性。因为如果阿赖耶识有覆有记，就不能够平等地接收、摄持一切诸法习气种子了。

种子有各种分类，按其变现的事物可以分为共相种子和不共相种子两类。共相种子就是人人共同变现。而自己的眼耳等只能由自己的阿赖耶识变现，称为不共相种子。按照性质来分，种子又可分为有漏种子和无漏种子。有漏种子由阿赖耶识所摄，是所缘；无漏种子非阿

---

① 《成唯识论》卷七，《大正藏》卷三十一，第40页。

赖耶识所摄，是非所缘。

二 唯识"新熏说"

种子又名"习气"，指烦恼现行熏习所成的余气。"云何略说安立种子？谓于阿赖耶识中，一切诸法遍计自性妄执习气，是名安立种子。"① 所以种子就是遍计所执性在阿赖耶识中留下的习气。阿赖耶识和种子聚之恒转相给人留下这样一个印象：一切种子识生而具有的，不是后来生起的。对此结论，不同的唯识学派看法不一。这样就有了种子本有说、种子新熏说和种子兼有说三个代表性学说。种子本有说认为种子皆无始时来本性有，非后来熏生，熏习只是让本有种子势力增长而已。不过本有说与经纶的某些教言相违。因《瑜伽师地论》和《大乘庄严经纶》都明确提出种子的两分，即本性住种子与习所成种子。对此，种子本有说还没能很好地解释。

种子新熏说认为种子皆新熏而生，不是本有。什么是"熏习"？"令种生长，故名熏习。"② 种子是习气成熟到能生现行果时所安立之名，而习气有作为现行于阿赖耶识所熏留的余气是熏习而有的。所以作为习气的异名之种子只能是熏习的。如果没有"熏习"关联，所谓的"种子"义必然不完备。而"熏习"本身也是借喻香油。制作香油的方法是将胡麻和香花一起浸泡然后以胡麻榨油。胡麻原本是没有花香的，但是因为它和香花同时共处，俱生俱灭，久而久之就带有花香了。种子的熏习也是类似如此。阿赖耶识如同胡麻为所熏，前七转识如同香花为能熏，两者同时共处，俱生俱灭，这样阿赖耶识也就熏习了能生前七转识的种子。

在《成唯识论》中，所谓"所熏、能熏各具四义，令种生长，故名熏习"③。所熏四义如下：第一，坚住性。前七识有间断，缺乏

---

① 《瑜伽师地论》卷五二，《大正藏》卷三十，第589页。
② 《成唯识论》卷二，《大正藏》卷三十一，第9页。
③ 同上。

坚住性，所以不能受熏，只有阿赖耶识才可以受熏。第二，无记性。对一切事物平等接收，可以容纳习气就是所熏。第三，可熏性。受熏事物必须是独立自在的，性质必须是虚疏的，这样才能成为所熏。第四，与能熏共和合性。"若与能熏同时、同处，不即、不离，乃是所熏。"① 而能具备以上四个条件的，只有第八识，前七识和心所法都不具备所熏四义，因此不能作为所熏。

能熏四义如下：第一，有生灭。能熏之物必须是变化无常的，有生长习气之用。因此，真如和无为法都不能成为能熏。第二，有胜用。必须要有强盛的引发功能才能引生习气，成为能熏。第三，有增减。必须要有能增能减的该转才能为能熏，而佛果无增无减，所以不是能熏。第四，与所熏和合而转。只有自己本身的前七识才能成为能熏，别人的前七识不能成为自己的能熏。而具备以上四义的只有七转识及其心所法，它们可以成为能熏。

如果以第八识所摄藏的种子为因，那么所生的眼耳等七转就是果。如果以七转识的现行法为因，那么所生的第八识阿赖耶识的种子就是果。这样第八识与七转识互为因果，而世界万物就是在这样的辗转相熏中产生出来。

第三节　西方心灵哲学框架下看佛教唯识学

意识研究在 20 世纪 90 年代随着认知科学的兴起而迎来了一次黄金发展时期。虽然在认知心理学、神经科学、人工智能、哲学等领域对意识本性的理解都取得了很大进步，但是仍然有很多难题需要解决。例如：心身"难问题"、意识结构、自我与自我感等。西方学者们为了弄清意识和心本性这些核心问题，寄希望于东方传统的"心学"。而在这其中，佛教唯识学对心灵的深刻讨论再次引起人们的关

---

① 《成唯识论》卷二，《大正藏》卷三十一，第 9 页。

注。曾有学者指出：“唯识学的意识理论与现象学的意识理论是世界文化中罕见的两种专门探讨人类意识结构的学说。”那么，两者关于意识结构的理论就成了现象学和佛教唯识学比较研究的组成部分。

一　唯识学与西方心灵哲学的比较

心身问题的正式提出要追溯到哲学家笛卡尔。而西方心灵哲学也正是按照笛卡尔所构造的概念框架发展而来的。笛卡尔主张实体二元论，认为“心”和“物”是两种不同的实体。“所谓实体，我们只能看作是能自己存在，而其存在并不需要别的事物的一种事物。”① 也就是说心是一个思维的主体，物是外在世界一切可占有广延的事物，两者互不依赖、互不派生。而在这样的一个概念框架下，产生了不同的理论流派。有人认为心与物实际上是同一实体，心不过是大脑产生出来的东西，这就是心身同一论。又有人认为心与物虽然都来源于物质，但是两者却有着不可化约的性质，是属性的不同组合，这就是属性二元论。更有人认为心灵和心灵内容就是全部的存在，物质是由心灵所造成的东西，这就是唯心论。

以上几种流派都面临着无法逾越的难题。实体二元论无法解释不同的实体之间交互作用如何产生？心身同一论、属性二元论等物理论都面临心之不可化约性问题，也就是心灵现象无法被物理概念同化。唯心论也无法解释物质的恒常性以及现代神经科学的挑战。取消主义认为以上问题都是因为我们被一种概念框架所误导。民间心理学所设想的信念、愿望等心理状态是根本不存在的，其概念所表示的本身就是完全错误的地形学和动力论。正如丘奇兰德所说：“我们关于心理现象的常识概念是一个完全虚假的理论，它有根本的缺陷，因此其基本原理和本体论最终都将被完善的神经科学所取代，而不是被平稳地还原。我们的相互理解和内省都可以在成熟的神经科学的概念框架中得到重构，与之所取代

① 苗力田、李毓章：《西方哲学史新编》，人民出版社1990年版，第306页。

的民间心理学相比，我们可以期待神经科学有大得多的威力，而且在一般意义的物理科学范围内实质上更加完整。"[①] 但是，取消主义由于其视野和思维方式上的种种限制，导致其自身有太多矛盾和难题，而其自身的论证也并不可靠。尽管取消主义试图摆脱传统的概念框架来寻找心身问题的答案，但是这一尝试过于激进了。

佛教唯识学对心灵的看法与传统心物概念框架截然不同。唯识学认为心与物都不是实体，是因缘和合而生的。因此，唯识学既不是唯物论也不是唯心论更不是实体二元论。一般世俗人认为唯识学就是唯心论，实际上是对唯识学的一种误解。"唯识学说唯识无外境，但是对于外境界物，并不否定其存在。说'唯识'是因为在万有诸法的生起上，心识的影响力最大，不是说万法都由此独一无二的识所创造，说识不过是生起诸事物的重要因缘之一环——有力的一环而已。"[②] 唯识学认为心与物都是由"识"变现而来的。这一在唯识学里被认为是唯一实体的"识"就是"阿赖耶识"。尽管阿赖耶识有主体性，但不过是一个装有种子的容器，本身没有自性。世人所理解的身心实际上是人的真心的显现物，身是"空晦暗中"，心是"聚缘内摇"。这样，心与物是对等的，没有谁比谁更基础，两者在体性上是相同的。

对于心之不可化约性问题的回答，佛学唯识学也有自己独特的一面。心之不可化约性问题的产生本身是在心灵与物质在本体上是相同东西这一预设之下的。既然大脑产生心理现象，为何无法用大脑运作的物理概念解释心理现象呢？所以只需要跳出这一预设，那么问题就迎刃而解了。对于心与物的图解区分，西方心灵哲学认为是：物—心（意识）。有人按照传统思维方法对唯识学心物划分就是：物—心（意识）— 细微意识。这一划分仍然将识当作是心的一部分，明显有

① Churchland, P. M., "Eliminative Materialism and the Propositional Attitudes", In Lycan, W. (ed.), *Mind and Cognition: A Reader*, Mass.: Basil Blackwell, 1990, p. 206.
② 释法舫：《法舫文集》第二卷，金城出版社 2011 年版，第 27 页。

悖唯识学的本意。又有学者不随传统思维方法对唯识学心物进行了划分：意识现象—纯粹意识。也就是将心与物都包含在意识现象之中，由纯粹意识产生出来。这种观点将第八识阿赖耶识等同于纯粹意识，自然而然就产生了一系列的问题：纯粹意识是否真的存在？因此按照西方心灵哲学的理论框架和路径去理解东方佛教唯识学是非常不明智的，因为唯识学有自己独特的理论路径。要想达到东西方心灵哲学的真正融合还有很长一段路要走。

二 唯识学与现象学的意识理论比较

唯识学和现象学一个是古代佛教理论，一个是现代哲学思潮，两者似乎没有可比性。唯识学的核心命题是"三界唯心，万法唯识"，围绕"心识"这一中心概念，通过唯识无境等思想的领悟最终实现解脱。现象学的起点是意向性问题，"意识"是其核心概念，通过意向分析、本质直观等方法悬置一切理论和观念对事物的遮蔽，获得明见性认识。因此，唯识学和现象学中两个相似的概念"心识"和"意识"以及围绕这一概念而展开的诸多问题都成为两者比较的方面。

（一）"心识"与"意识"概念比较分析

"心识"概念起源是"识"。前六识在佛教看来都是粗显的，而且还有间断。在无想定、灭尽定等中，六识皆不转起，但身仍不坏，也就说明还有深细之识在潜隐而转。因此，在细隐层面既有具内我执功能之识存在，又有所缘对象之根本识存在。前者就是末那识，后者就是阿赖耶识。八识是心识活动的主体，故又称"心王"，它们各自具有相应"心所"。心王和心所的关系，从"恒依心所，与心相应，系属于心"当中可以看出。心所是依托心法而生起，但同时又是同时生起的。它们的分工区别在于："心于所缘，唯取总相。心所于彼亦取别相，助成心事，得心所名，如画师资作模填彩。"① "心所"有 6

---

① 《成唯识论》卷五，《大正藏》卷31，第26页。

组51位，具体如下：

（1）遍行心所。凡有"心法"生起，遍行五法都与之相应俱起的心识活动，包括意、触、受、想、思五种。

（2）别境心所。专对某种特殊情况个别生起的心识活动，包括"欲"缘"所乐镜"，"胜解"缘"决定镜"，"念"缘"曾习镜"，"定"缘"所观镜"，"慧"在前四镜中抉择而生起。

（3）善心所。道德伦理的心识活动，包括信、惭、愧、无贪、无瞋、无痴、勤、轻安、行舍、不放逸、不害十一种。

（4）烦恼心所。令心身纷扰混乱的心识活动，包括贪、嗔、痴、慢、疑、恶见六种。

（5）随烦恼心所。伴随依托以上六种烦恼而起的烦恼，包括小随烦恼十种，中随烦恼两种，大随烦恼八种。小随烦恼包括忿、恨、恼、覆、诳、谄、骄、害、疾、悭；中随烦恼包括无惭、无愧；大随烦恼包括不信、懈怠、放逸、昏沉、掉举、失念、不正知、散乱。

（6）不定心所。不能单独确定其善、恶、无记性质和界地的心识活动，包括睡眠、恶作、寻、伺四种。

除了上面的"心法"八、"心所有法"五十一之外，唯识学还有"色法"十一，"不相应行法"二十四，"无为法"六，总计一百种。而"五位"中，前四为"有为法"，统称"杂染法"；后一为"无为法"，也叫"清静法"。"五位百法"穷尽了三界一切法相，对世间的物质、精神现象及出世境界所有法的概况和归类。"一切法中，心法最胜。是故经言，心净故众生净，心染故众生染。由此心故，或著生死，或证涅槃，以胜用强，是故第一明其心法。"[①] 一切法都由心识所变现，万法生起还灭、众生之迷误皆可从"识"的转变上说明。而八识中的阿赖耶识是世间万法之所以生起的最终依据和众生轮回世间得以出世的主体。

---

① 唐大乘普光：《大乘百法明门论疏》卷上，《大正藏》卷44，第53页。

胡塞尔现象学中与"心识"相类似的概念是"意识"。意识是胡塞尔现象学的最重要的概念，其现象学是围绕它而展开的。他还把意识当作是"一般存在的原范畴"，因为"其他范畴均根源于此"①，因此，意识可以不依赖任何物而绝对存在，但其他的存在必须依赖于意识。胡塞尔强烈反对经验论的意识观，认为其没有看到意识的核心功能，即意向性功能。他认为："意识是一切理性和非理性、一切合法性和非法性、一切现实和虚构、一切价值和非价值、一切行动和非行动等的来源，彻头彻尾地就是'意识'。"②

具体而言，胡塞尔提出了三个意识概念。

（1）作为"自我体验的实项—现象学统一"的意识，意识作为在体验流中的统一之中的心理体验而存在。这里的体验不是一般所说的体验。一般体验是人们在心理行为中关系到一个与体验有别的对象，是来自经验对象，并由"经验自我"统一起来。现象学意义上的体验是"自我或意识所体验的东西""在被体验或被意识的内容与体验本身之间不存在区别。例如被感觉到的东西就是感觉"。③

（2）作为"内感知"的意识，意识对本已心理体验内容的内觉知。这里的内感知是相对外感知而言的，是"伴随着现时的、体现的体验并且作为这些体验的对象而与它们发生联系"的感知。④ 在《内时间意识现象学》中，胡塞尔对内感知进一步说明："如果我们谈及内感知，并且感知与被感知之物在这里应当始终是同一个东西，那么感知就不能被理解为内在之物，亦即不能被理解为客体本身。若我们谈及内感知，就只能把它理解为：1）对那个即便不朝向它也现存于此的统一内在客体的内意识，以及作为构造时间性东西的意识；或者

① 胡塞尔：《逻辑研究》第二卷第二部分，倪梁康译，上海译文出版社2006年版，第183页。
② 同上书，第218页。
③ 同上书，第412页。
④ 同上书，第415页。

2）带有这种朝向的内意识。"这种非对象性的原意识被胡塞尔称为"自身意识"，是比之前的第一意识更为"原初"的意识。

（3）作为"意向体验"的意识，就是任何一种心理行为或意向体验的总称。胡塞尔认为对象不是内在于体验，而是被体验所"意指"。真正构成意向体验实项内容的是感知、判断、表象等"意向活动"，"它们构建起行为，它们作为必然的基点而使意向得以可能，但它们本身并没有被意指，它们不是那些在行为中被表象的对象"①。也就是说意向体验是行为与对象的意向关系当下被给予我们的，所以是对前两个意识概念的进一步超越。

通过以上对"心识"和"意识"概念的分析，不难看出两者有很多相同之处。"心识"和"意识"都不是实体化、现成的东西。唯识学的奠基关系是"心王"为"心所"奠基。现象学主要的奠基关系是客体化行为与非客体化行为之间的奠基关系，两者具体关系如图3-1所示：

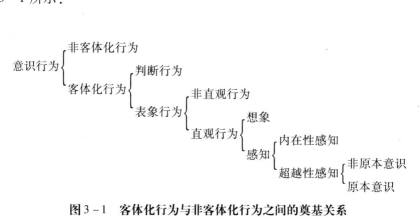

图3-1 客体化行为与非客体化行为之间的奠基关系

通过这一对比，"心识"与"意识"不是同一概念。心识的前五识可以大致类似于客体化行为中的"表象"，第六识大体等于客体化

---

① 胡塞尔：《逻辑研究》第二卷第二部分，倪梁康译，上海译文出版社2006年版，第441页。

行为中的"判断"。但是第七识末那识和第八识阿赖耶识无法纳入客体化行为或者是非客体化行为中去，因为第七识和第八识同前六识不是同一层面的东西。唯识学对"心识"的分类根据是体用关系，"心王"是识之体，而"心所"是心之用。两者只是在逻辑上有先后之分，体用之间是平等的。胡塞尔现象学对"意识"的划分是多种根据，主要是认识论层面，一直推演到"原本意识"。

（二）"四分"说与"意向性"理论比较

从变现功能上看，八识可以分为三能变。"由假说我、法，有种种想转，彼依识所变。此能变唯三，谓异熟、思量及了别境识。"异熟就是初能变，即阿赖耶识。思量就是二能变，即末那识。了别境识就是三能变，即前六识。三能变之根本者是初能变，而其他二能变是以第八识为依止的。因为第八识阿赖耶识蕴藏种子，所以能够变现出外境、五根身以及第七识和前六识。这就是唯识学的"识变论"。为了进一步说明论证"识变论"，唯识学立"四分"说。

"四分"即相分、见分、自证分和证自证分。历史上，唯识师们对于心识结构的分析有四种不同的理论。不过，玄奘法师提出"三类境"的说法完善了护法系之"四分"说。唯识学认为八识在起作用时，识自体必会起差异，这个差异就是"四分"。"相"就是外界事物映现与认识主体之前的相貌形态。唯识学认为识所缘对象实际上是识所变现的影像，所以不是实有。八识的相分各不相同。前五识的相分类似于感觉对象，第六识的相分是前五尘加上法尘。第七识的相分是阿赖耶识的见分，第八识的相分是根身、器界和种子。"见"指境相认知分别的功能。自证分是相分和见分所依之自体，而进一步确证自证分作用的就是证自证分。这样认识的过程就有如下四步：第一，见分缘取相分。人们认识的不是客观的对象，而是识体所变现出来的相分和见分。第二，自证分缘取见分。这是认识主体对认识能力及其所为做的第一层次的反思审定。第三，证自证分缘取自证分。这是认识主体自身的自我反省。第四，自证分缘取证自证分。这是认识主体反过来对主体的反思系统进行的反省审定。从以上四阶段可以看出，唯识学并没有将关注点放在认识主体如何形成对客观事物的正确反映上面，而是探讨认知主体本身的心理过程，从而得出了"境不离识"的结论。

胡塞尔现象学中的意识理论与唯识学意识结构理论有很多相似相近的地方。"意向性"是胡塞尔现象学中非常关键的范畴，其基本含义是"意识总是关于某物的意识"。他说："整体时空世界，包括人和作为附属的单一现实的人自我，按其意义仅只是一种意向的存在。"① 他还说：意向性是"主体的人本身纯粹固有的本质的东西"。② 也就是说要理解人就必须认识到人的根本特点就是意向性。当然在胡塞尔现象学中，"意向性"又是一个最深奥最复杂的概念，粗略概括起来有三种意向性概念。第一，心理学的意向性，相当于感受性。第二，由意向作用和意向对象的相关关系制约的意向性。第三，真正构成性意向性，它是生产性的、创造性的。③

意识对象的构成在胡塞尔现象学中是一个非常重要的问题。为了说明意识的功能问题，胡塞尔提出了意向性构成理论。意向性由意向行为和意向对象两部分组成，两者共同构成了意识的基本结构——意向性。意识和对象的意向性关联有两重含义：指向性和构成性。一切意识行为，无论是客体化行为还是非客体化行为都有指向性。④ 作为能指的意识行为与作为所指的对象构成了指向性意向性的两端。也就是说，意识总是有所意识的意识。意识与所意识，意向与所意向，意味与所意味是互不能分的相属者，所以意向性构成中不存在主客的对立。意向作用和意向对象是意向行为中"意识本身和意识的相关

① 胡塞尔：《纯粹现象学通论》，李幼蒸译，商务印书馆1995年版，第135页。
② 胡塞尔：《欧洲科学的危机与超越论的现象学》，汪炳文译，商务印书馆2001年版，第285页。
③ 胡塞尔：《纯粹现象学通论》，李幼蒸译，商务印书馆1995年版，第484页。
④ 参见倪康亮《意识的向度——以胡塞尔为轴心的现象学问题研究》，北京大学出版社2007年版，第166页。

物"。所以意向行为既具有主观性又具有客观性。意向对象和意向活动共同构成了意识体验的统一体，两者不可分离。"在意向作用和意向对象之间的平行关系肯定存在，但是人们必须按两侧并在它们本质上的相互对应中描述这种构成。意向对象是统一体领域，意向作用是'构成性的'复合体领域。"①

胡塞尔的意向性概念不是单一的，意向性还有自己不同的层次和形式，具体如下。第一，根据行为种类分，不同的行为就有不同的意向性。第二，根据行为是单一还是复合，意向性也分单一和复合。第三，第一性意向性是指表象或者客体化行为的意向性；第二性意向性则是表象以外的行为的意向性，以第一性意向性为基础。第四，反思的意向性，又叫意向的意向，以意向性本身作为对象的意向性；非反思的意向则指意识指向意向体验之处的超越存在的意向性。第五，先验的意向性指的就是主体性；世俗的意向性则是非现象学意义上的意向性。第六，水平和垂直的意向性之分。胡塞尔认为时间对象要显现出来必须由两种构成：一是意识流本身的统一性；二是现实的时间对象在这个流内部得以构成。确定意识流的统一性的意向性，称为"水平的"意向性。对象获得其统一性的意向性，是"垂直的"意向性。第七，有意识意向性与无意识意向性之分。有意识一定有意向性，但不能说只有意识才有意向性。胡塞尔认为："仍然总还有一些'无意识的'意向性。"如被压制的爱、屈辱感、怨恨等，以及无意识地引起的行为方式等。"这些意向性也有它们的有效性样式（对存在的确信，对价值的确信，意志的确信，以及它们的样式上的变化）。"②

比较唯识学"四分"说和现象学意向性理论不难看出，两者都从意识结构本身分析来解释意识和对象的关系，都突破了主客二分的二元论模式，突出主客体的统一。对于对象，两者都认为对象不是自在

---

① 胡塞尔：《纯粹现象学通论》，李幼蒸译，商务印书馆1995年版，第250页。
② 胡塞尔：《欧洲科学的危机与超越论的现象学》，汪炳文译，商务印书馆2001年版，第284页。

之物，唯识学认为一切境相都是心识所变现，现象学认为通过意识行为对对象的指向性和构成性来把握对象本身。在对心识和意识的概念上看，都没有被看成是现成的"实体"。无论是在意识结构的把握还是意识发生的追寻上，两者都采取了本质直观的方法。只不过，唯识学采用的是潜隐、无明确方法意识的，现象学采用的是彰显、有明确方法意识的。唯识学所研究的基本论题和胡塞尔的现象学有太多相同和相近的思考，其俨然成为东西方学者交流的一个重要平台。

　　通过以上分析可以看出佛教唯识学中的天赋理论与西方传统天赋理论有些相似之处。例如"八识"说认为阿赖耶识是一切万物产生的根本识，而根本识不可能从经验获得，因为"唯识无外境"，只能是天赋的。这种对经验论的批判与传统天赋理论如出一辙。另外，其"种子说"和"新熏说"又与莱布尼茨的大理石花纹假说有相似之处，与进化天赋理论中的基因决定论也有类似。总之，佛教唯识学的天赋理论在现代视野下仍然有其独特的魅力所在，必将成为西方心灵哲学尤其是天赋理论发展的新视域。

第四章
当代天赋理论发展趋势与特点

　　传统天赋观念论在行为主义、自然主义、逻辑实证主义占据主导的思潮中渐渐失去了光环，被认为是与形而上学或神学联系在一起的唯心主义，渐渐被人们所抛弃。特别是以维也纳学派为代表的逻辑实证主义认为，尽管经验之外的东西不是不可知的，但是讨论这一问题也是没有什么意义的。他们不关心知识的来源，只关注其逻辑论证与分析。他们认为分析命题是先天的必然的，综合命题是经验的或然的；但分析命题对事实本身没有陈诉，所以是无意义的同义反复。他们甚至对"心灵"概念进行批判，认为只要无法证实的东西都是非科学，都不是讨论的核心。因此既然有关心灵的假说无法证实，那么就没有讨论的必要，而只有行为才是研究的问题所在。

　　另外，在心理学领域达尔文主义也受到了挑战。笛卡尔曾断言，只有人才有理性，动物完全缺乏理性，是自动机。在这种人与动物的区分中，达尔文一度弱化，认为人类行为与动物行为之间存在的不仅是差异更是相似性。不过后来达尔文的支持者们将相似性扩大化，要么认为人也是本能推动的自动机，即"本能论者"；要么认为动物也有思想和理性，即"心智论者"。由于对动物及人类大脑所知甚少，研究的实验也无法证明动物心智的存在。这样，"心智论"很快遭到了摒弃。那么动物的行为到底是由什么决定的呢？行为主义学说是心理学家们提出的一个与"心智论"完全相反的假设，认为动物的行为是自动的、反射的、无意识的。在斯金纳的推动下，行为主义也将动物中研究的结果应用于人类。因此，将动物的心智与人类的本能归于同类被当做异端。

当然，不同的行为主义派别解释心理现象也是有差异的。心理学行为主义把所有人的心理活动比如"意识"、"思维"等都看做是人的行为，只不过是一种内隐的高级行为而已。如斯金纳所言："所谓的心理事件只不过是我们已经给它们贴上心理主义标签的神经生理事件。"① 哲学行为主义者比如赖尔、费格尔等人认为心理概念如果用行为来定义将会更简单明了，主张用行为主义的原则来分析心理概念，用行为倾向的回忆来说明人的内省和自我认识。不仅如此，斯金纳还认为可以用行为主义解释人类的语言，认为语言在本质上是刺激—反应联结，是对外界环境刺激的习惯性反应体系，不具有目的性。

第一节　当代天赋理论的复兴

20 世纪上半叶，整个思想理论界几乎被经验主义所统治。不过随着新兴的脑科学、神经科学以及人工智能等最新科学成果的出现，逻辑实证主义以及行为主义在理论上遇到了难以克服的难题。60 年代之后，像波普尔、费耶阿本德、汉森等哲学家们对逻辑实证主义提出种种批判，否认存在纯粹的感觉经验可以成为知识的基础。而另外一批哲学家比如乔姆斯基、皮阿热以及法国的结构主义者们又开始重新将天赋理论提出，并在语言学、心理学等多个学科领域进行研究。

值得一提的是乔姆斯基对天赋理论的语言学领域的复兴。语言学

---

① 赫根汉：《心理学导论》（下），郭本禹等译，华东师范大学出版社 2004 年版，第 657 页。

唯理论思想要追溯到笛卡尔的机械语言观，即认为语言是符号的总和，是观念的产物。乔姆斯基发现既然语言具有普遍性，那么就一定存在可以让所有语言都适用的"普遍语法"。他反对斯金纳的语言理论，认为其无法说明语言的创新以及表达的丰富性。他认为语言的获得必然有一个先天规定的机制，也就是必须承认语言获得是一种天生的能力。如乔姆斯基所说："近几年来，部分的由于对语言的研究，使许多长期沉睡的争论又复苏起来。关于所谓'天赋假设'，人们已经进行了很多讨论。"① 这样，对天赋理论的讨论不再局限于语言学领域。天赋论被逐步扩宽到哲学、心理学、人类学、认知科学等多学科领域。

"心灵"的研究在行为主义、逻辑实证主义经验论那里是抛弃的对象，随着在哲学领域经验论势头的减弱，"心灵"又重新进入哲学家的研究领域。心理学领域对动物先验心理和人类先验心理的研究，进一步拉近了人与动物的相似性；对儿童认知能力发展研究，不得不承认先天因素的作用。人类学研究也表明，在文化进步过程中受到了民族地域的限制，文化进化也是有先天的文化基础的。同时现代生物遗传学、脑科学等也进一步解释了人类的进化和来源都与基因及神经元密切相关。认知科学也融合了自然科学取得的一系列成果，对认知的结构、原理等研究取得了革命性的成果。以上种种无不显示，天赋理论在当代复兴了，并以燎原之势扩展到不同的学科领域，同时不断吸收其理论营养壮大自己。

那么当代天赋理论论证的核心问题是什么呢？随着现代认知科学的深入，天赋争论的问题已经变成：什么是天赋，天赋多大程度上影响认知；什么是习得，习得的内容及结构多大程度上由先天特殊认知结构决定。有来自哲学、心理学、语言学、人类学、灵长类动物学对当代天赋理论的论证，并对天赋理论将来发展作出了预测。

---

① N. Chomsky, *Reflection on Language*, Pantheon, 1975, p. 12.

第二节 当代天赋理论的特点

根据当代天赋理论所讨论的问题域以及理论原则，可以和传统天赋理论区别开来。具体而言有如下特点：

其一，从建立的基础来看，当代天赋理论是以当代遗传学生物学为基础的。当代天赋理论不是简单地重复传统天赋观念，而是将天赋具体为基因遗传编码到我们的大脑中的。"有机体的天赋特性就是由这个有机体的遗传天资编码、表征、信息地规定或编程的特性。未被编码的特征不是天赋的，而是获得的。"① 因此当代天赋理论更多地依赖于现代科学的进步。一方面他们将进化的概念引入天赋性解释中，另一方面他们将发展的观念也用于天赋性，认为天赋是进化的结果同时天赋也不一定是生而就有，是不断发展形成的。

其二，从涉及的学科来看，当代天赋理论是一个涵盖哲学、认知科学、生物学、伦理学、计算机科学等诸多学科的综合性理论。当代天赋理论不再局限在认知的来源问题上，而是更细致地探讨认知的结构问题、认知与遗传进化的关系、人与动物的相似性与相异性、文化的本质以及道德伦理的天赋基础等。各学科融合交叉现象明显，对天赋性问题的探讨不再局限于某个学科领域，在更宽广的领域内会碰撞出新的火花。

其三，从讨论的问题域来看，当代天赋理论与经验论者的根本分歧在于天赋机能及其机构的数量、种类及性质。他们不再执着于有没有天赋、有没有经验这类问题上，而是更进一步，如果在认知发展过程中，先天后天都起到了一定作用，那么到底谁付出的更多一点。也就是说天赋论者认为天赋基础在心灵发生作用的过程中数量丰富且作

---

① P. Godfrey-Smith, "Innateness and Genetic Information", In: Carruthers P. et al., *The Innate Mind: Foundations and the Future*, New York: Oxford University Press, 2007, p. 56.

用重大，而经验论者却认为天赋基础数量少且作用有限。正如毕克来所说："目前关于天赋论的很多争论，不是关于天赋知识的一般论证，而是对认知科学中研究的具体个案的关注。……最后争论成了对是否有天赋的心理器官的讨论。"①

其四，从讨论的理论原则来看，当代天赋理论更加开放，包容性更强。这可能与当代天赋理论的参与者本身有关，因为支持天赋理论的不仅仅是哲学内部成员，来自心理学、认知科学、人类学、语言学等多个学科领域的专家都参与其中。他们既带来了各自研究领域的最新研究成果进一步论证天赋性，又相互吸取有利成分为其理论辩护。所以当代天赋理论者们抛弃了过去与经验论对立的态势，将经验论的现代成果和方法积极应用于天赋论证中。而现代经验论也不再排斥先天的基础，也将心灵研究中的合理因素带入经验论发展中去。当代天赋理论与经验论出现了某种融合趋势。哲学界和心理学界长期对立的观点，比如理性主义对经验主义、本能对学习、心对身、遗传对环境等，也不如从前那么针锋相对了。现在人们所说的天赋或环境都只是强调其中一个侧面罢了。

第三节　当代天赋理论的走向

其一，当代天赋理论与相关具体科学联系更紧密。多数天赋论者都试图通过生物学、遗传学、脑神经科学等的研究将天赋性纳入自然主义、物理主义的框架之内，在自然次序中为天赋心灵找到一个合适的位置。乔姆斯基说："我们把人的心理看作是一个特定的生物系统，其中包括各个组成部分、各种成分，应该像研究物质世界任何其他部分一样来对它进行探索。"当代天赋理论中的核心重大问题的解决要最终依赖于现代科学研究成果。当然不同的研究者所依赖的具体科学

---

① B. Beakley, *The Philosophy of Mind: Classical Problems/Contemporary Issues*, Cambridge, Mass: The MIT Press, 2006, p. 685.

有所不同，这样他们从不同的论点出发促进天赋理论的深入。比如有学者从计算机科学、人工智能等研究出发，用计算机做类比，探讨人类智能内部结构和机能。如克拉平所说："20世纪中叶，自动计算装置依据图林的重要理论成果被发明出来，人们便认识到机器也能加工和利用表征，这便为说明心灵的内在表征如何起作用提供了一个例证。"① 还有学者从遗传学、神经网络学等理论成果出发，把当代进化论思想引入天赋理论研究之中，以此探讨人类起源、大脑进化及文化进化规律。

其二，当代天赋理论不再拘泥于谁是谁非谁多谁少，而是研究先天因素与后天环境相互影响相互促进。当代天赋理论不是简单的谁对谁错的问题，而是更深一层研究各自的作用，以及两者之间的互动。当然一般的天赋论者和经验论者虽然都相互承认天赋和经验的作用，但是毫无隐瞒地把对方的问题扩大化，并不是真正的融合。这样就出现了一种新的趋势，认为天赋和经验是共生共存，彼此缺一不可相互干扰或共进，也就是新综合论。

其三，当代天赋理论虽然直接面对的就是经验论，矛头直指物理主义行为主义的软肋，但是最终的结论却不是理性主义的。不论是语言天赋论还是模块天赋论都提出了经验主义无法解决的问题，例如为什么向人类学习语言的各种高级动物始终无法真正掌握语法呢？而天赋理论最终是要通过语言、知识等揭示人的本质，人的本质又依赖于人脑结构身心问题的解决。对人类的起源大脑进化的认识，根本上是依赖于现代自然科学。由此可见，当代天赋理论最后走向了唯物论，而不是唯心主义。

---

① H. Clapin, "Introduction", in H. Clapin（ed.）, *Philosophy of Mental Representation*, Oxford：Clarendon Press, 2002, p. 1.

第五章

计算主义视野下的天赋理论

作为天赋观念论的当代形式，当代天赋理论有其鲜明的特点和发展轨迹。尽管国外天赋理论形式多样，理论类型错综复杂，但是我们不难发现有一定的规律性：天赋理论当代发展都是依据认知科学的理论纲领为其理论前提，这样我们就可以按照不同的认知科学理论框架对天赋理论进行分类整理。当然，天赋论者们也会随着认知科学的发展更新自己早前的理论，因此天赋理论当代发展是一个动态的过程。这一章我们重点讨论认知计算主义研究纲领下的天赋理论形式。

第一节　什么是计算主义

当代计算主义是伴随着 20 世纪 70 年代认知科学的诞生而出现的一种研究人类心智的本体论预设和方法论原则。不过从计算的角度审视问题最早可以追溯到关心人的认知本质的哲学家们。近代哲学家霍布斯是最早明确提出推理的本质就是计算，他说："我们的心智所做的一切皆可计算"。在计算理论发展过程中，阿兰·图灵提出的图灵机概念具有划时代的意义。图灵认为有智能就是能思维，而能思维就是能计算，所谓计算就是应用形式规则，对（未解释的）符号进行形式操作。他说："一台没有肢体的机器所能执行的命令，必然像上述例子（做家庭作业）那样，具有一定的智能特征。在这些命令之中，占重要地位的是那些规定有关逻辑系统规则的实施顺序的命令。"①

有关纯数学的基础理论问题，图灵机理论给出了解答方案。对于数字计算机发展及研制上的可行性，图灵机理论也在理论上进行了论证。随着计算机的飞速发展以及计算在多个领域应用所爆发的威力，使得人们开始用计算的眼光看整个世界，甚至运用计算思维去理解和解决心智、生命等本质基本问题。在认知科学领域，虽然很多人对于"心智或认知就是计算"这一纲领没有什么异议，但是对这一纲领的基本内涵有不同的理解。那么，"计算"是什么呢？计算原先就是一个数学上的概念，指的是符号串的变换。根据史密斯（B. C. Smith）的分析，在认知科学中，计算主要表现为三种：一是形式符号操作；二是图灵意义上的可计算；三是信息加工过程。在信息加工过程中就会涉及符号的句法和语义两个方面，而在图灵意义的可计算性上只是涉及句法。

计算主义得到了来自多方的支持和推动，已经成为当今关于心智问题的一个重要理论。其核心观点是：人的神经系统就类似计算机硬件，心智就类似于软件，硬件让人获得心智能力，心智只是运行硬件的程序。这就是人工智能研究的基础，成为心智研究中极为重要的方法，包含许多心智理论的优点，避免了不少缺点。

认知科学中的计算主义研究纲领为研究人类心智打开了一扇大门，但是如果仅仅以传统的图灵可计算为基础，在理论上、实践上都有无法逾越的鸿沟。例如，对人类认知可塑性的解释，关于人类认知和感觉运动行为的完整图景等。这些都对计算主义提出了质疑，使其

---

① 图灵：《计算机与智能》，载博登编《人工智能哲学》，刘西瑞、王汉琦译，上海译文出版社 2001 年版，第 88 页。

不得不不断更新发展。正是由于对计算本身的理解上有各自的偏重点，因此计算主义也不是一个完全刚性的研究纲领，有一定的可扩性，为其继续发展留下了余地和探索空间。

一　经典计算主义

从某种意义上说，认知科学的诞生与图灵智能观有密切的关系，至少计算主义的认知科学是如此。因为认知科学的基本精神是强调：心理现象是认知现象，而认知不过就是计算，因此可用程序等计算术语来说明心理过程，而没有必要根据神经过程来解释心灵。随之而来的是这样一些口号的风行，如心灵是程序、大脑是计算机、认知是计算、心灵是计算机等。

现代的计算主义也主要是在图灵思想的影响下产生出来的。其核心概念是计算。对计算的逻辑阐述一共有三种，即递归函数、入一定义函数和图灵的形式主义。应该看到，这些阐释尽管差异性很大，但也有共同性。这表现在：第一，它们都是从形式上说明计算概念；第二，它们都把计算看作是独立于物理实在的属性。这也就是说，计算与实现它的物理系统是不同的，即使不诉诸后者也能说明前者。由于有共同性，因此上述三种阐释构成了关于心智的"计算机隐喻"的基础或主要原则。这一隐喻有两个假定：（1）心理过程可看作是计算过程，或可用程序来描述；（2）计算过程和执行的关系可类推到人的心与脑的关系之上。这个隐喻后来成了强人工智能的理论基础。客观地说，强人工智能曾有一段辉煌的历史，在特定条件下，可看作是一种有用的纲领。因为它曾孵化出了一些很有影响的计划，如纽厄尔和西蒙等人的"逻辑理论家和通用问题解决机"等。

在具体阐释计算机隐喻时，有的人试图对第一个假定作出进一步的阐发，如强调：说心智可描述为程序，不过是说：心智作为计算其实是对表征的以规则为依据的加工。而表征有形式和语义属性，只有表征的形式方面才是因果上有效的，而语义性在认知加工中是没有什么作用的。但语义性与形式由于有特定的设计历史而密切联系在一起，因此对形式的计算也便同时具有语义性。基于这一点，计算主义认为，这一观点应成为意识和意向性理论的基石。总之，在计算主义看来，把计算看作是对表征的加工有巨大的优越性，例如，一是这种计算有因果上的有效性；二是算法上的可描述性（如可用程序语言来描述）；三是数字计算机上的可执行性；四是语义学上的关于性或意向性。

"执行"或"实现"（implementation or realization）是计算主义的又一重要概念。计算主义者一般会辩护说，执行概念无懈可击，因为在计算中，计算状态与物理状态之间存在着一致性，有的还认为存在着同型性（如福多等）。例如冯诺伊曼 CPU 的部分结构与表述 CPU 的语言之间就有一致性，逻辑门（如"与"门）可说明计算描述如何反映了物理描述，因为它的计算能力可用布尔函数来描述，而其值又与物理实现回路中的物理形态是有关的。

计算主义要解决的重要问题是搜索。因为根据计算主义，智能的特性就在于从一个状态进到另一状态，即由初始状态产生下一个状态，如此递进。要产生的状态很多，甚至可以说，后面的状态呈树状分布特点。如果是这样，那么怎样产生下一个特定的状态呢？这无疑要研究搜索。一种方案强调：要找到相关的下一状态，就必须为系统建立全部决策树。这种策略也可称作上向策略。相反的策略是下向策略。它们各有利弊。西蒙和纽厄尔倡导的是启发式搜索策略，即有穷搜索。

基于对人类心智的新的理解，计算主义提出了自己关于心智的新的模型。它有两个要点，一是提出了关于思维或认知的解析性模型，认为人的思维就是一种按照规则或受规则控制的纯形式、纯句法的转换过程。这里所说的"纯形式"就是符号或表征，或心灵语言中的心理语词。这里所说的"规则"就是可用"如果……那么……"这样的条件句表述的推理规则，例如如果后一状态或命题蕴含在前一状态或命题中，那么可以推断：有前者一定有后者，这种转换或映射是必然的。二是提出了关于智能及人工智能的工程学理论。它试图回答这样的问题，即怎样构造一种机器，让它像人一样输入和输出，从而完成认知任务。它的答案是：只要为机器输入人的认知任务的一个形式化版本，它就会输出一个计算结果。这结果像人的智能给出的结果一样。

问题是：人的理性能力是否是受规则控制的？是否可从计算上实现？计算主义的回答是肯定的。它强调：人类的推理过程是受规则控制的，因此可用计算术语予以解释，也可由计算机以计算的、纯形式转换的方式实现。因为结论是否来自某些前提，推理是否是有效的，这是一个纯形式的问题。决定推理有效的东西，与实际的内容或前提与结论表达的意义，没有必然的关系。换言之，结论是否能从某些前提逻辑地推论出来这一问题，可依据推理的有效性来说明。推理是有效的，当且仅当它的前提的真足以保证结论的真。特定推理的有效性依赖于它能例示的逻辑形式的有效性。从技术上说，只有推理的逻辑形式才有有效和无效的问题。逻辑形式是有效的，当且仅当不存在这样的例示，即它有真的前提，却有假的结论。

如果真的是这样，即推理的有效性取决于推理形式的有效性，与意义无关，那么人类的推理无疑可从计算上加以说明，也无疑可为计算机模拟。但问题并非如此简单，因为人类的推理在许多情况下并不是一个形式化的过程，例如人们常能建立心理模型，然后据以作出推论，有时还能作出直觉推理，更复杂的是，人还能依据典型和原型事例作出推理，甚至作出经验推理。既然如此，计算主义就面临着进一步说明这些反例的重负。而反计算主义正是基于思维的复杂性和必然的语义性提出了证伪计算主义的论证，如未受教育的主体所作的推理过程显然不可能遵守什么逻辑形式或规则，因此人们的推理常常是非理性或非逻辑的，既然如此，就不可能仅根据形式系统来说明人的推理过程及机制。既然存在着非逻辑的推理过程，因此它们就不可能从计算上加以实现，结论只能是：计算主义是错误的。

计算主义有多种表现形式，例如福多（J. A. Fodor）等人的关于心智的表征和计算理论（详后），纽厄尔和西蒙的"物理符号系统假说"以及联结主义。

物理符号系统假说实质上是一种符号主义。它坚持认为，在计算系统中，存在着符号和符号结构以及规则的组合，而符号是真实的物理实在，是个例，不是类型；符号表示什么由编码过程所决定，而与所指之间不存在必然的关联，因此是人为的。思维是依据程序处理符号的过程，或对符号的排列和重组。总之，对符号的处理，对于智能来说，既是必要的，又是充分的。这一假说最关心也最成功的方面就是问题求解。在它看来，问题求解离不开知识。要有这种能力，就得找到知识获取、表示和利用的办法。为满足这些要求，知识工程学便应运而生了。在特定的意义上可以说，符号主义就是一门知识工程学。在它看来，知识的表示以符号逻辑为基础，知识的利用过程实即符号的加工过程。问题求解除了离不开知识以外，还离不开推理，而推理就是搜索，因为问题求解的实质在于：在解答问题中进行最优解的搜索。由此所决定，符号主义非常重视对搜索算法的研究。

对经典计算主义的责难主要集中指向了符号主义，尤其是对计算概念假说的证伪。经典计算主义也承认塞尔的中文屋论证以及其他类似的批判确实给经典计算主义非常严重的挑战或者说是致命一击。不过由于各种现实性限制，目前仍然有相当多的人主要精力集中在研究符号主义的完善上。申茨（M. Schentz）是新计算主义的倡导者，他说："当前对计算主义的大多数批评都有共同的看法，即认为，作为心灵之解释框架的计算由于据说只能用抽象的术语来定义，因此必然否定认知系统内在地与之相关的、有真实时间性的、具体的真实世界约束。"① 简言之，"形式符号处理不足以关涉世界"②。豪格兰德（J.

---

① M. Scheutz（ed.），*Computationalism：New Directions*，Cambridge，MA：MIT Press，2002，"Preface"，p. 1.

② M. Scheutz（ed.），*Computationalism：New Directions*，Cambridge，MA：MIT Press，2002，p. 18.

Haugeland）指出：意向性与响应性、责任能力有复杂内在的关联，而计算主义的计算概念恰恰忽视了这一点，或不能说明这一点。① 申茨承认：上述问题恰恰是许多认知科学家放弃计算主义的原因。② 面对各种非难，经典计算主义有多种选择，如放弃计算概念。除此之外还有两种选择：一是在辩护、解释的基础上对计算主义作新的补充和改进；二是把旧计算主义改进为新计算主义，或把原先的窄机械论发展为宽机械论。那么接下来，就看看新计算主义。

二　新计算主义

新计算主义在 20 世纪末 21 世纪初的产生和发展，是 AI 研究和计算主义发展历程中一件颇值得深思且带戏剧性的事件。20 世纪80 年，一度占统治地位的经典计算主义以及以之为理论基础的 AI研究，受到了塞尔和彭罗斯的致命打击，几近被彻底颠覆，看似无生还希望。但到了 20 世纪末，一大批认知科学家和哲学家经过冷静的思考，又公然打出了计算主义的旗帜。他们认为，计算主义的确有这样那样的问题，但它是有韧性的；对认知的计算解释尽管有缺陷，但经过重新阐发，仍不失为认知科学和 AI 研究的可靠理论基石。总而言之，计算主义的问题不在于计算本身，而在于我们对计算的理解。因此新计算主义的新的工作就是对计算作出新的阐释。朔伊茨在自己新编的《计算主义：新的方向》这本论文集中把自己所写的《计算主义——新生代》放在首篇，的确耐人寻味。他把持这种新的倾向的人统称为"计算主义的新生代"的确是恰到好处的。他说："这种观点不是将计算看作抽象的、句法的、无包容性的、孤立或没有意向性的过程，而是看作是具体的、语义的、包

---

① J. Haugeland, "Authentic Intentionality", in M. Scheutz, *Computationalism*：*New Directions*, Cambridge, MA：MIT Press, 2002, pp. 59 – 174.

② M. Scheutz, *Computationalism*：*New Directions*, Cambridge, MA：MIT Press, 2002, p. 18.

含的、相互作用的和有意向的过程。有了这一观点，我们就有这样更好的机会，即把关于心灵的实在论观点作为我们的可能基础。"①

新计算主义者承认：经典计算主义的确是漏洞百出，例如它没有为我们提供能合理理解心、脑、身及其相互关系的概念工具。它尽管正确地强调要根据计算解释心智，但经它解释的心智仍像50年前一样"神秘莫测"。②另外，它把计算看作是抽象的、句法的、没有包孕性的、孤立的或没有意向性的东西，这显然没有抓住计算与心智的根本特点。既然如上，经典计算主义受到许多人的毁灭性打击就有其必然性。在新计算主义看来，要摆脱旧计算主义的局限性，就必须把计算看作是"具体的、语义的、有包含性的、相互作用的、意向的过程"，这种观念可以成为关于心灵的实在论的基础。从工程实践上说，真实世界的计算机应像心灵一样，也能"处理包孕、相互作用、物理实现和语义学问题"③。

尽管作为经典计算主义基础的计算概念有问题，但不能因噎废食，没有必要予以抛弃；尽管计算主义在本质上是机械论，也不能因此而将其打入冷宫。新计算主义者从计算主义的产生发展历史说明了这一点。

数字计算机的发展为计算概念的巩固和发展提供了有力的支持。众所周知，数值是抽象的，因此是机器无法直接处理的东西。要处理数值，必须找到某种代表它们的物理中介。这中介也是物理对象，有物理属性，但遵循这样的规律，即由一致于计算中实现的操作所控制的规律。例如事物的量是加成的或加性的，把两个事物放在一杆秤上，它们的量就会加到一起。同样，把物理维度（如长、宽等）的

---

① M. Scheutz (ed.), *Computationalism*：*New Directions*, Cambridge, MA：MIT Press, 2002, "Preface", p. x.

② M. Scheutz (ed.), *Computationalism*：*New Directions*, Cambridge, MA：MIT Press, 2002, p. 175.

③ Ibid. , "Preface", p. x.

量值与数字关联起来，计算就能通过对物理对象的物理加工来完成。如把这些对象排成一行，测量最终的量值，如用尺子去量它们的长度。中国用算盘完成的计算所依据的原理也是如此。这里最重要的是人们在算球与数值之间所作的关联或约定。如桥上面一粒代表"5"，下面一粒代表"1"。从初始状态（如0）开始，通过物理的运作，如拨动算球，所出现的是一种物理的格局。再基于事先的约定或编码，人们就知道这物理的状态所代表的是什么数值。这是计算机发展的原始阶段。

第二阶段的起点是"表征"概念的引入。由于它的引入，原先的那种粗笨、易错的计算就让位于用表征所作的加工。这种转化的意义非同寻常，可看作是从"类似物"向"数字"表征的迈进。表征性计算的特点是：在计算中，人们用标记符（如0，1等）代表数字，而不再是把数值与物理事物（算球）关联起来。这种跳跃实际上是从直观思维到符号思维的飞跃。由于它有巨大的优越性，因此后来成了关于计算的一般模式。在许多人看来，不仅计算是对表征（代表）的处理，而且思维也是一种加工表征的过程。

总之，经过几百年的发展，计算概念成了许多人把握、说明、思考心灵本身的一种方式。从早期的对于心理的天真机械论设想到现在的人工智能和认知科学的计算模型，在本质上都没能跳出机械论的窠臼。从一定的意义上可以说，用机械论模式构想心灵的观念一直渗透在对心理的研究和解释尝试之中。这已是一个客观的事实。不仅如此，计算主义及其计算概念在与计算机科学技术的互动中，在得到它的支持的同时，也客观上发挥了它的理论独有的巨大指导作用，并创造过举世公认的辉煌。如果是这样，完全否定它，把它说得一无是处，无疑是站不住脚的。

新计算主义不掩饰旧计算主义的缺陷。但认为，这缺陷不是不可克服的。例如，如果让计算在形式转换的过程中也表现出意向性，那么一切就迎刃而解了。朔伊茨说："新生代最需要的、必须说明的是意向性和响应性（responsibility）之间的内在关系。"① 豪格兰德也强调这一点，他说，一系统能表现出真正的意向性就是它有能力表现他称为"真正的响应性"的东西。②

　　新计算主义认为，要实现上述计划，有很多艰难的工作要做，例如要说明：计算主义图式中的计算、机制概念及其历史发展，图灵机和计算主义在人工智能研究中的作用问题，怎样理解关于心灵的计算理论视域中的计算概念，怎样理解意向性的本质和语言起源等。③ 朔伊茨还设想：新计算主义还应该探讨关于计算的新的概念在计算主义图式中的可能应用。从工程实践上说，还要探讨：程序与处理的区别，执行概念，物理实现的问题，与真实世界的相互作用，模型的应用及限制，具体与抽象的区别，复杂结果的专门解释，计算与意向性的关系，关于"宽内容"与"宽机制"的概念，局域性与因果性概念。新计算主义强调：这些问题的解决是有希望的，当然有赖于新世纪哲学家和科学家的共同努力。

　　总之，新计算主义的特点是强调：计算不能像旧计算主义所理解的那样是抽象的、句法的、缺乏联系的，而必须是具体的、连续的、语义的、充满联系的、进行性的。新计算主义认为计算不是图灵计算概念。人们往往将图灵机和计算机等同，这是错误的。斯洛曼论证说：人工智能中的计算机不同于图灵机，它们分别是两种历史过程发展的结晶，其中之一是驱动物理过程、处理物理实验的机器的发展；二是执行数字计算操作抽象实在的机器的发展。机器完成对数字抽象实在的操作能力可从两方面研究，即理论和实践两方面。图灵机及其理论化只对理论研究有意义。而机器要模拟人的认知，必须对人的认知非常清楚，而只有机器能表现这些特征，那么它才算是完成了认知

---

① M. Scheutz（ed.），*Computationalism：New Directions*，Cambridge，MA：MIT Press，2002，p. 19.

② Ibid.，p. 20.

③ Ibid.，p. x.

任务。斯洛曼认为，计算机发展到今天，无论是硬件、软件，还是作为其基础的计算概念都发生了重大变化，从根本上已经超越了图灵机及其智能观。因此传统的计算概念已经不能解释 AI 了。杜克大学哲学和计算机科学系的史密斯（B. C. Smith）在《计算的基础》一文中指出：过去的计算概念的确存在着严重的缺陷，应予重新阐释。他所作的新的阐释是：计算不应是纯形式的，而应内在地具有意向性、语义性。如果这样理解计算，那么计算主义就可以重新焕发生机。①他强调：一定不能像对计算的纯形式阐释所设想的那样，把内在符号世界与外在所指王国分离开来，因为在下述意义上，真实的计算过程是参与性的（participatory），它们包含着符号和指称之间、之中的因果相互作用的复杂路径，包含着人内在和外在以复杂方式的交叉耦合。基于这一认识，他在重构时，便把表征和语义学放在首要的理论焦点的位置。

克拉平（H. Clapin）认为以往对于计算和认知的理解过于狭隘，应有更宽泛的理解。他说："只要我们承认表征系统的构造中包含有内容，我们就不难发现：我们得到了关于计算和认知的更宽泛的概念。"②克拉平认为，要拯救计算主义，关键是对计算概念作出更宽泛的阐释。他赞成表征主义根据表征解释计算的策略，但又强调要把表征区分为隐（tacit）表征与显（explicit）表征，然后主要根据隐表征来说明计算。他认为隐表征就是功能构造中的一种特殊的知识，有了这一表征系统，在获得了相应的信息时就知道怎么样按照指令来进行加工，也知道了为什么要表征。克拉平还用康德的时空直观形式和先验范畴来说明隐表征。他说："康德的范畴和'纯直观形式'可以看作是认知构架的隐内容的一种表述方式。"在克拉平看来，隐内容

---

① M. Scheutz（ed.），*Computationalism*：*New Directions*，Cambridge，MA：MIT Press，2002，pp. 24－33.

② H. Clapin，"Tacit Reprcentation in functional Architecture"，in H. Clapin（ed.），*Philosophy of Mental Representation*，Oxford：Oxford University Press，2002，p. 306.

不仅存在，而且可以与显内容相互作用。他说："一当我们承认功能构架有语义学，那么我们就能认识到，这种隐内容可以以复杂的方式与显内容发生相互作用。前者不仅使后者成为可能，而且还能改变显内容对整个系统的作用。"① 这里所说的语义学实际就是指内在功能构架的内容，即各种各样的条件、约束、形式规定、规则等。这一基于隐表征理论的新计算主义认为当前 AI 的主要任务是先进一步研究人类的显表征能力，然后发展和完善计算机的隐表征能力。因为如果计算机拥有了隐表征，那么它就拥有像人一样的语义能力和意向性。

三　联结主义

联结主义是计算主义的又一形式，和经典计算主义差不多同时产生。联结主义所理解的计算是神经计算，不同于经典计算主义所理解的符号计算，但其基本精神还是没有超出计算主义的范围。因此对经典计算主义的批判同样适用于联结主义。我们将回到联结主义与经典计算主义的犬牙交错的互动关系网络中来考察它的实质和特点。

就共同性而言，两者在起源、目的以及对计算、表征的看法等方面有趋同之处。例如就根源来说，正如屈森斯所述："它们是从同一个根上生长出来的分支，共同发轫于由神经心理学家兼精神病学家 W. 麦克洛克和数学家 W. 皮茨合著的开创性之作。"② 这一开创性工作的成果就是发现了神经元的活动有计算的特点。因为神经元有两种状态，即抑制和激活。这一发现事实上为图灵的猜想提供了神经科学的依据，从而为虚拟图灵机的实际运用提供了根据。另外，麦卡洛克等人 1943 年还证明：一个神经网络可以计算图灵机能计算的所有函数，这无异于把认知过程看作是映射过程。很显然，这些思想是后来的两种计算主义的共

---

① H. Clapin, "Tacit Reprcentation in functional Architecture", in H. Clapin (ed.), *Philosophy of Mental Representation*, Oxford: Oxford University Press, 2002, p.301.

② A. 屈森斯：《概念的联结主义构造》，载博登《人工智能哲学》，上海译文出版社 2001 年版，第 3 页。

同源泉。

从具体结论上看，两者也有共同的地方。第一，它们都承认，理性的思维和行动都包含有对表征了外在事态的内在资源的运用，其内部运作过程实即一种转换性的操作过程，一种映射或函数过程，这些运作过程的目的就是要产生进一步的表征，直至产生行为。同时，它们还承认：内在的操作尽管本身没有语义性，但由于语义性与形式具有同型性，因此内部加工也具有语义性。第二，尽管联结主义持弱AI观，而经典主义持强AI观，但两者都承认，计算机科学是它们的理论基础。从实践上说，联结主义所建构的网络或系统甚至都有模拟计算机的方面，因而都表现出了计算机的许多属性。例如，人工神经网络也能进行硬连接，进而进行模式识别，表现出遵守规则的行为，虚拟地实现从一种参数模式（输入）向另一种参数模式（输出）的映射，等等。第三，两种计算主义都承认表征的作用，如认为心理过程是表征性的，心理表征有构成性结构。当然，联结主义认为，它所承认的构成因素及结构完全有别于经典的看法。两种方案目前争论的焦点是：这种构成要素是不是真实的。联结主义认为是真实的，经典主义尽管不承认有像硬件一样的实在的表征层次，但授予它以抽象的、符号性质的存在地位。福多、皮利辛说："古典主义者和联结主义者都是表征实在论者。"① 这也就是说，两种计算主义都反对取消主义，而赞成表征主义。表征主义认为，心理状态有表征外部世界的能力，因此有语义性。而取消主义主张取消语义、心理内容、表征之类的概念。联结主义模型赞成表征主义的表现是：它试图对心理状态所表征的东西作出说明。总之，"都同意把语义内容归之于某东西"②。不同在于：联结主义认为，有内容的是结点，而古典主义认

① J. Fodor and Z. Pylyshyn. "Connectionism and Cognitive Architecture", C. and G. Macdonald（eds.），*Connectionism*, Oxford：Blackwell, 1995, p. 97.

② J. Fodor and Z. Pylyshyn. "Connectionism and Cognitive Architecture", C. and G. Macdonald（eds.），*Connectionism*, Oxford：Blackwell, 1995, p. 97.

为，有内容的是符号。

由上述共同点便导致了两种计算主义这样的一致性，即它们都承认：它们的系统容许语义解释。例如符号主义把语义内容归功于符号，而联结主义把语义内容归于单元或单元集合。换言之，符号主义系统的作用是与语义上可解释的对象（符号）连在一起的，因为这些对象有因果的和句法的或结构性的属性，而联结主义系统的作用是与两种对象（即个别单元）连在一起的，一种对象有因果属性，另一对象有句法属性。这就是说，在加工层面出现的、有因果相互作用的对象不能从语义上估值，没有语义上可估值的构成成分，而语义上可估值的单元是激活模式或激活矢量，它们在系统中没有因果作用。这也就是说，两种计算主义都包含有这样的核心观点："形式可以充当意义"。意即对形式的加工，实际上也是对意义的加工。克拉克说："这无疑是那些试图对推理作出机械说明的理论以之为基础的、关键的见解。"①

从目的上说，经典计算主义方案的理想目标是在命题空间中模拟、表现推理能力。所谓命题空间（Sentential Space）指的是抽象的空间，里面居住的是携带着意义的构造，即句法单元，这些单元有逻辑的形式，它们可靠地代表着不同的事物，其意义就是单元及其秩序的函数。联结主义者的目标就是模拟各种合理的"推理"，在这种推理中，输入和输出都是广义的，如输入是知觉性的，输出具有原动力性质，如动物的对刺激的快速反应能力都可看作是推理。很明显，这种推理是知觉驱动的反应能力。

再来看联结主义不同于经典计算主义的独特特征。

第一，联结主义提出了自己的新的认知观、智能观。如前所述，经典主义是在符号水平上模拟认知的。它认为，符号是自然智能的基

① A. Clark, "AI and the Many Faces of Reasons", in S. Stich et al. (eds.), *The Blackwell Guide to Philosophy of Mind*, Cambridge, MA: MIT Press, 2003, p. 320.

本元素，人的认知过程是以符号的核心的序贯的符号处理过程。因此要认识和模拟这种过程，用不着深入细节，用不着关注结构，只需从宏观上研究它的输入和输出的映射或功能过程就行了。而联结主义则是要在细胞水平上模拟认知。它认为，智能的基本元素是神经元，人的认知过程是生物神经系统内神经信息的并行分布处理过程，是一种整体性的活动，因此要认识和模拟认知，就要从微观层次入手。可见在总的倾向上，联结主义不是要修补古典的模型，而是创建新的、能取代它的认知模型。其具体表现是：它把心灵看作是网络。而网络由大量互相关联的单元所构成。在网络中，不存在中央加工单元。每个单元都有自己的作用。它们结构上简单，数量上不定。网络的基本属性是：（1）单元之间的连接在类型和强度上是不同的。（2）单元的激活是由刺激量和该单元的状态共同决定的。（3）网络的信息以单元之间的权重的形式得到编码。（4）网络中的单元、结点自动地代表着环境中被确认的因素或特征。就此而言，可把它们看作是表征。表征的储存是分布式的。（5）当结点具有表征意义时，它们是简单的。所谓简单一是指它们表征的东西很简单，如简单特征等；二是指结点没有句法结构。（6）对于任何认知任务来说，网络一定是由大量的单元构成的。随着单元数量的增加，联结的数量不是按线性方式而是呈指数形式增加。（7）单元之间的联结可理解为：因果地遵循一系列规则的系统。

第二，与此相关的是如何看待理性思维的问题。联结主义承认，AI 研究有这样的根本性问题：理性、理智、合理的行为等智能能否为机器模拟？这以前是各种人工智能理论的核心问题，现在也成了摆在联结主义面前的一个棘手的、不可回避的问题。联结主义者认为，要回答这个问题，最重要的是要认清理性的本质。克拉克说："理性就是大量有关复杂因素都出现并以某种方式起作用、得到协调时，人们所经历的东西。说明这种复杂的、生态学上并行的行为，其实就是在揭示理性如何可能从机械上加以实现。"① 也就是说，联结主义反对经典主义把理性看作线性处理行为的观点，而突出它的并行性、生态性、复杂性。这复杂表现在：人的理性活动涉及的因素、所不可缺少的条件可能不只是局域的、基于句法的推理，因为它还必然会涉及语义内容，有些推理过程还会受到情绪的影响等。②

第三，联结主义尽管也承认认知的本质属性是计算，但它对计算的理解发生了革命性变化。众所周知，有许多计算形式，每一种形式都有特定的计算工具和信息载体。例如珠算计算，其工具是算盘，信息载体是算珠；符号计算的工具和载体分别是符号计算机和符号；权值计算的工具和载体分别是数字计算机和数字电量；模拟计算的工具和载体分别是神经计算模型和神经元；生物计算和 DNA 计算的工具分别是生物计算机和 DNA 计算机，载体分别是生物信息编码和 DNA 生化物质。尽管有这些不同，但各种形式中又有共同的一面，换言之，不同的计算有共同的本质，即计算是计算模型中信息流动变化的过程。联结主义理解的计算不是指电子数字计算机的权值计算，而是指模拟计算或神经计算，即神经计算模型中的神经信息运动变化过程。而神经计算模型则是从细胞水平模拟生物神经系统结构和功能的人工系统。

第四，尽管联结主义像经典主义一样承认表征及其作用，但又对之做了新的规定。在传统理论看来，表征是一种有复杂句法的东西，心理加工过程应相对于句法结构来定义。而这些观点又使它坚持这样的观点，即相信心灵有自己的组成部分。如复杂的表征一定离不开复杂的系统（小人、模块、中央处理器），正是它们储存和使用表征。这幅图景使传统的认知观有了不同的名称，如古典认知心理学、古典人工智能、关于认知的规则或表征观、认知的思维语言模型。联结主

---

① A. Clark, "AI and the Many Faces of Reason", in S. Stich et al. (eds.), *The Blackwell Guide to Philosophy of Mind*, Cambridge, MA: MIT Press, 2003, p. 320.

② Ibid., p. 319.

义认为，它的表征不可能像经典主义的表征那样能被形式化，不可能
以单子式的形式存在，而只能以分布式方式存在于神经元的动态联结
之中。

第五，从描述方式上说，联结主义模型的描述是连续的，而符号
模型的描述是非连续的。福多和皮利辛说："亚符号模型的分析上最
有力的描述是连续的描述，而符号模型的描述则是非连续的描述"，
即分立或分离的（discrete）。例如后者所描述的记忆储存和提取操作
都是分立的，一个内容总以单个的项目被储存和被提取，对它们的操
作也是以原子式的形式进行的。再如学习、推理操作都是以全有或全
无的形式进行的。而联结主义对这些认知现象的描述都是连续的。尤
其是，它对计算的理解也是连续的。①

最后，两者的纲领性口号也判然有别。早期人工智能的"战斗口
号"是"计算机不是单调地处理数字，它们是操作符号"。这里强调
的是思维与计算的一致性。而联结主义试图将此倒转过来，强调：
"它们不是操作符号，它们是单调地处理数字。"② 由这一纲领性口号
所决定，联结主义完成了解释方式的转换。这里的转换是指：对经典
主义方法的颠倒。经典主义强调：对先于算法编写和贯穿于算法编写
的任务作出某种高层次的理解。而联结主义者"成功地倒转了这一策
略。他们从对任务的最低限度的理解开始，训练网络去完成这个任
务，然后用各种方式寻求获得有关网络正在做什么和为什么这样做的
较高层次的理解。"克拉克说："这一解释方式的转换，实际上构成
了联结论方法超过传统认知科学的一个主要优点。它之所以是优点，
是因为它提供了一种方法，可以避免以专门方式生成公理和原理。"③

---

① J. Fodor and Z. Pylyshyn, "Connectionism and Cognitive Architecture", C. and G. Macdonald (eds.), *Connectionism*, Oxford: Blackwell, 1995, pp. 68 – 71.

② 克拉克：《联结论、语言能力和解释方式》，载博登《人工智能哲学》，上海译文出版社 2001 年版，第 414 页。

③ 同上书，第 413 页。

联结主义发展到今天已经成了一种比较成熟的 AI 研究战略，并演变成了集理论探讨与 AI 工程实践于一体的运动，形成了自己独特的神经计算科学。联结主义还试图做编程计算所不能做的事情，建立非冯·诺伊曼的神经计算机。霍普菲尔德指出：生物神经系统"是生化物质构成的计算机，然而它是世界上最好的计算机"。① 因为生物神经系统有自己的拓扑结构，即有由神经元关联而形成的网状结构。这种结构具有一定的抽象性，其结构的形式与神经细胞的空间位置无关。基于这一特点，人们就可以建构模拟了神经细胞互联所形成的拓扑结构的人工神经网络。如何模拟呢？联结主义认为只要能将生物神经系统的结构形式化就可以了。这就要借助于拓扑学的图论。联结主义在 AI 的工程实践中已构建出了有部分自然智能特征的网络。其一般结构和原理，如福多所概括的："使一机器成为一网络的东西不过是：它有在许多方面不同于传统图灵机结构的计算结构。"② 也就是说，一网络的常见计算倾向和它的计算历史的后效结果都是通过改变许多简单而似开关要素之间的连接强度而实现的。

第二节　符号主义范式下的语言天赋理论

当代天赋理论的复兴要归功于乔姆斯基在语言学领域对结构主义、行为主义语言观的批判。乔姆斯基认为语言应该不能局限于描述，更应该弄清楚语言的本质。因此他认为应该构建一套新的语言观，这一理论将研究说话者的语言能力，能构建语言句子结构规则，能对语言作出评价。乔姆斯基将计算主义符号系统引入语言学研究。计算主义范式就是以计算机为模型来研究人的认知，人的认知就是信

---

① J. J. Hofield, "Artifical Neural Networks", *IEEE Ciruits and Devices Magazine*, 1988, 4: 2–10.

② J. Fodor, *The Mind doesn't Work that Way*, Cambridge, MA: The MIT Press, 2000, p. 48.

息处理，而表示认知活动的基本单元就是符号，人脑就是按照一系列规则来操纵具体符号。乔姆斯基认为人脑就是通过一个内存的符号规则系统（普遍语法）来反映语言的。语言符号系统，是串行处理并且是功能模块化的。这样运算的速度就会受到限制，灵活性就会差。如图 5-1 所示：

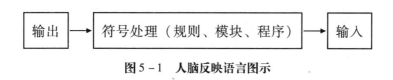

输出 → 符号处理（规则、模块、程序）→ 输入

图 5-1　人脑反映语言图示

对语言的定义涵盖很广，我们暂且用比勒—波普尔的分类方法，将语言分为四个功能：表情性功能、通报性功能、描述性功能和辩论性功能。按照他们的说法，动物和人类语言共同的特点是前两个功能。只有人类才有后两个功能，所以只有人类才有真正的语言。如何界定其他动物是否有语言能力，只要对照进行比较即可。语言是人与动物的一个本质区别，那么人类又是如何获得语言的呢？语言学习机制如何呢？语言和思维是否可分？如果可分，语言和思维又是什么关系？语言也有进化吗？对这一系列问题的不同回答，就会有不同的学派，而当代天赋理论的复兴首次就出现在语言学领域中乔姆斯基的语言学革命。语言天赋论的基本观点就是：人类自然语言的获得依赖于非获得的语言知识或专用于语言的认知机制。同时语言天赋论者进而提出了思想语言假说和语言进化假说。

1957 年乔姆斯基发表了第一部著作《句法结构》，之后逐步创建了一整套转换生成语法体系，掀起了语言学的一场革命。而语言学现在已经相当普遍地被认同是一门值得研究的学问也要归功于乔姆斯基。乔姆斯基创建转换语法体系是为了对语言的某些最显著特征做具有数学精确性的描述。儿童可以从父母和周边人的话语中获得本族的语法规则，然后创造出他从未听过的话语来。而这些语法规则是由生物因素决定的，是人类天性的一个组成部分，是从父母那里遗传而来的。这一理论体系在当前语言学和心理语言学中占主导地位。这方面的研究已经有很多成果证明人类语言的语法是一个高度系统化抽象的结构，并且存在所有人类共同拥有的基本结构特征，总称为"普遍语法"。

"普遍语法理论"主张语言的结构是由人类的心理结构决定的，而语言的某些特征所具有的普遍性也证明了人类天性的这一部分是人类全体成员所共有，不论种族或阶级，不论其智力、性格和体质方面所具有的区别。而世界上各语言之间不同变化，可以看作是在普遍语法约束下的一小部分参数起作用对不同环境的反映。乔姆斯基的普遍语法理论通过不断地修正和浓缩，经历了五个发展阶段，从"句法结构"、"标准理论"、"扩展的标准理论"、"管辖与约束"到"最简方案"。

乔姆斯基认为目前对于人类语言如此相似的唯一解释是，人类具有特殊的天赋语言官能，正是这种特殊的官能决定了结构上的依存性或普遍特征。在考察儿童学习母语的过程中，乔姆斯基认为只有假设儿童生来就具备普遍语法高度限制性的原则和使用这些原则分析话语的天赋，才能解释语言学习的过程。在这点上，乔姆斯基是个传统的理性主义者，可以和柏拉图、笛卡尔以来的"天赋的观念"相比较。[1] 因此乔姆斯基也被认为是新笛卡尔主义的代表，认为心理的本能特性是丰富多样的，语言官能就如同视觉系统一样，身体器官和认知器官都是一样的。这种观点遭到了包括斯金纳、皮亚杰等人的强烈反对，他们认为心理先天状态是无差别的。皮亚杰指出乔姆斯基的"生成语法"转换规则，将会涉及一个非常困难的问题——"使获得语言成为可能的大脑中枢的形成问题"[2]。乔姆斯基所说的先天的主

---

① 《乔姆斯基语言哲学文选》，徐烈炯等译，商务印书馆1992年版，第3页。
② 皮亚杰：《发生认识论原理》，商务印书馆1997年版，第62页。

要是某种特定的信息体，即语言能力是先天信息与儿童的初级语言数据相结合而产生的。

有关语言天赋论假说的主要争论都是依赖于这一"普遍语法理论"。其中包括语法普遍性存在与否、最初语言习得者语法错误的模式、刺激贫乏论、第一语言容易习得、语言习得的相对独立性与普遍智力以及语言程序的模块化的争论等，以下逐一介绍。

一 句法基本结构原理

在乔姆斯基之前，主要是"布鲁姆菲尔德学派"的语言学理论。该理论学派对一般理论问题不感兴趣，认为语言学的目的仅仅是"描写语言"，认为语言学中普遍存在的某些特征在下一个接触的语言中就不复存在了。乔姆斯基的观点与此针锋相对，他认为语言学的目的是建立一种人类语言结构的演绎理论。也就是说语言学应该确定人类语言最普遍基本的特征。他认为有些语音、句法、语义单位具有普遍性。生成语法学理论就应该为各种语言的语法所连起来的信号和语义解释，提供一套普遍性的、不限于某种语言的表达方式。"普遍语法就是构成语言学习者的'初始状态'的一组特性、条件和其他东西，所以是语言知识发展的基础。"①

乔姆斯基的普遍语法理论是语言知识天赋论的强力论证。不过乔姆斯基认为更重要更有价值的事实是普遍性来自交流的有效性或简单性标准。由普遍语法决定的那些现存语法并不是事实上最有效最简单的。但是人类的语言都受到普遍语法的限制。既然交流环境、交流任务都无法解释这一现象，那么只有通过心灵结构来理解了。事实上，普遍语法先天地存在心灵中，并限制人们学习语言的能力。②

但是，语言经验论者认为人类语言的这些偶然普遍性的存在有其

---

① N. Chomsky, *Rules and Representation*, Columbia University Press, 1980, p. 69.

② 参阅 N. Chomsky, *Reflection of Language*, New York：Pantheon, 1975。

他解释。一是普特南认为，这些普遍性可以解释为一个普遍的祖先语言，而后代继承了其语言特征。① 二是哈曼认为尽管目前缺乏直接证据但事实上普遍语法确实保证了交流的有效性和简单性。② 三是蒯因认为普遍语法的存在也许就是逻辑附属物。任何有限固定的结构都有某些共同特征。既然语言是有限的，必然存在它们共同的特征。另外普遍语法的许多特征是相互依存的，所以事实上世界语言共同的基础原则可能相当少。这样即使存在天赋决定，天赋在母语习得者所需的整个普遍语言知识中所占比重微乎其微。③

　　天赋论者对这些反驳一一作了回应。马库斯辩解道，母语习得者所犯语言错误更多是由于语法的普遍特征而不是任何输入信息。因此尽管知道不规则复数或动词过去式并知道其正确拼法，一旦孩子们掌握了他们语言的普遍原则就会常常拼错。孩子们的错误判断总是与普遍语法有关。乔姆斯基认为现在已经发现的语法规则都满足结构依耐性。很多语言学家、心理语言学家认为世界上所知的所有语言的语法规则包括孩子们零碎的语言必须由等级森严的句法结构而不是由语句顺序所决定。这些对于缺乏特定的结构、范例和校正情况下的母语习得者来说是必要的条件。

　　杰肯道夫在《思维的模式》中指出：为了使我们能说和听懂新的句子，我们的头脑中必须贮存的不光是我们语言的词汇，而且还得有我们所用语言的可能句型。这些句型所描述的，不仅是词的组合形式，而且也是词组的组合形式。语言学家认为这些形式是记忆中贮存语言规则的。人们把所有这些规则的组合称为语言的思维语法，或简称"语法"。当我们聆听他人讲话时，不仅仅是单个的句子，而是了

　　① H. Putnam, *The "Innateness Hypothesis" and Explanatory Models in Linguistics*, In Stich, 1975.

　　② G. Harman, "Linguistic competence and empiricism", In S. Hook (ed.), *Language and Philosophy*, New York: NYU Press, 1969.

　　③ W. Quine (1986), *Linguistics and philosophy*, Lecture, Reprinted in Stich, 1975.

解他人的意图并准确地表达。但是将大脑区域功能化是不可取的。因为有证据表明大脑外侧语言区在非语言序列化中起重要作用。西雅图的神经外科医生乔治·奥杰曼在癫痫手术过程中用对脑的电刺激的方法证明，脑左侧语言的专门化过程中有相当一部分参与听音序列。大脑的不同区域无法命名，因为它们都参与了多个功能。①

就乔姆斯基及其转换生成理论而言，无可置疑的是他对整个语言学界的贡献，提出了急需解决的问题。但是这一理论有一个基本假定，即用一套完整的规则生成无限的句子，不现实。同时用这样的观点研究语言会导致抽象化，与语言本身以及现实世界脱节。同时乔姆斯基有关理论的论据并不充分。我们首先假设存在语法普遍性，那么是否有理由断定一切可能的人类语言都必须符合这些原则呢？我们不能证明人类不可能与这些原则相悖的语言，那我们就有理由暂且不同于乔姆斯基关于形式普遍现象是天赋的假设。

那么人类的语言能力中有多少是先天的呢？应该说学习语言的内驱力是先天的。而思维模式思维习惯也会复制重复，一代代传递下去。因此，到底是祖辈经验的积累促使思维或者语言的产生，还是先天的生理基础促使人类语言和思维能力。无论如何这些是动物无法做到的，语言本身就是人的智力表现。

二 语言知识获得模型

经验论者的另外一个有力证据来自母语习得的联结主义模型。联结主义学习系统需要偶然法则即没有明确训练但与经过训练相联系的法则而产生语法体系。这意味着当孩子们获得他们语法部分时，他们也许偶尔获得了其他相关法则，这些法则也许在其他人类语言中适用，但在其母语中并没有学习到。另外，该经验论者语言获得体系已

---

① 威廉·卡尔文：《大脑如何思维：智力演化的今夕》，杨雄里、梁培基译，上海科技出版社 2007 年版，第四章。

经证明在天赋约束缺乏强有力的论据下为自然语言习得的可能性提供更大范围的法则，这些法则由普遍语法构成并形成明确的经验论断。

乔姆斯基在《规则与表征》一书中首次提出刺激贫乏论，指出语言环境与语言知识系统之间的差异，即语言缺陷说。他认为语言输入有限，但每个正常人都能有完善的母语能力。而儿童为什么能在两三年内掌握复杂的语言，因此只能用语言的天赋来解释，即句法特性是与生俱来的，并且仅仅在相应环境诱因下引发。

经验论者对刺激贫乏论作了激烈的反驳。他们认为这一论据不足以说明语言能力的天赋。虽然我们确实学会了词义和科学理论，但是认为所有正确的科学理论或语义符号学知识都是天赋的确实荒诞。福多也对刺激贫乏论进行了批评，他认为其错在将知觉的封装性问题和计算复杂性问题混淆在一起。认知渗入只是一部分地渗入，只有一部分背景知识渗入知觉整合中，这样直接反驳了刺激贫乏论。

针对这点天赋论者作了回应，认为经验论者忽略了一个非常重要的理论非类比。科学理论的推断是一个费劲的过程，需要耗费一个顶尖科学家大量的时间和精力。然而，语言习得不需要花费太多的精力和时间就能很快被很小的孩子掌握。这就是语言知识获得天赋的有力证据。

普特南反驳天赋论者低估了语言学习所需的大量时间。他认为不能仅仅关注这一过程有多短，应该计算在这一过程中用于听说的总时间。这个数字事实上是相当大的，类似于不来自先天结构技能的学习时间，比如象棋学习。因此，他认为一旦考虑正确的短暂参数，语言习得看上去更多是人类的技能习得，而不是特殊的天赋知识的展开。

天赋论者认为一般语言的学习依赖于普遍智力，并且以大致相同的速度获得一样的句法水平。然而事实上一个没有语言缺陷的智力低下者也可以和正常儿童获得在时间和程度上一样的先天语言。但是经验论者却反击这一论据忽略了一点，智力低下儿童以及他们的父母会更加关注他们语言的获得，而且天赋论者过多地强调智力低下儿童和正常儿童语言获得的相等性。约翰·埃克尔斯通过对儿童早期语言习得的实验数据提出，婴儿在头一年就有不同寻常的语言发育，是婴儿精神发育和语言发育之间正反馈的互动结果。他说："即使婴儿与语言环境只有极有限的接触也仍然能够学会说话，这表明语言能力是生物遗传的。语言能力作为一种天赋的习性和对语言的天赋的敏感性是有遗传基因作为基础的。"①

三 语言进程模块化

在其代表作《心智如何工作》和《语言本能》等书中，史迪芬·平克对语言、思维及其关系诸问题一一进行了阐述。他提出了"语言本能"假说，认为这种本能就是带有一把瑞士军刀刀锋所具有的全部特征。也就是说心智所装备的是天生的处理材料的方式，并不是天生的资料。乔姆斯基通过"刺激贫乏论"来论证普遍语法的存在，推断语言功能的模块性。"普遍语法"就是自然语言的先天内部表征，而心理功能类比生理结构，语言功能是类似于人的心脏的某种器官。但是乔姆斯基并没有详尽阐述先天"信息体"，也没有说明何以生理结构和心理结构能够相互沟通。平克通过进化论的自然选择学说来论证语言机能的先天性，认为存在语言基因。福多虽然是天赋论的支持者，但对乔姆斯基和平克的语言先天论都做了批判，并在天赋论的基础上提出了思想语言假设和心理模块论，认为口头语言就是先天规定的模块。

语言进程模块化是语言能力先天性的强有力的论证。福多认为大量事实证明促使语言获得、理解和产生的过程是非常明确而独立于那些促成一般认知和学习的过程。这就是说语言学习、语言进程机制以及他们所具有的知识是领域特殊的。即一是语法及语法学习

---

① 约翰·C. 埃克尔斯：《脑的进化：自我意识的创生》，潘泓译，上海科技教育出版社 2005 年版，第 85 页。

和应用机制不在语言进程之外，它们是信息封闭的。二是只有语言信息才和语言获得和进程有关，它们是强制性的。三是语言学习和语言过程是自动的，不受到意志支配。同时，语言由特殊的专属神经结构所实现，一旦这一神经结构损害必将系统地伤害语言功能，而不是一般认知功能。用乔姆斯基的话来说，为了使语言成为可能，一个特有的"神经器官"已经进入人类认知体系。相应地，这一器官的特定结构限定了人类可能语言的范围，引导儿童学习目标语言，然后快速使实时语言成为可能。模块论主张特有的"神经器官"构成了人类先天语言知识。语言进程模块化理论的进一步证据来自大量婴幼儿的研究。这些研究表明婴幼儿有选择地注意有韵律倾向的声源，并且在分句处停顿，容纳语言许可的音韵句。

正是这种信息的封装性，使得人类从出生开始就和动物有明显的区别，这也是为什么动物永远也无法学会人类的语言的根本原因。但是是否这种信息一旦封装就永远不变？福多主张先天模块，卡米洛夫－史密斯对先天模块论和后天建构论进行调和提出了渐进模块化，认为输入系统还经过多次后续封装机制的不断升级而形成。也就是说语言虽然是天生的，但是语言的形成也是一个渐进模块化的过程。

当然模块论在当代认知科学中也是有争议的理论。反对者（普特南）认为包含语言获得和进程的仅仅是普遍学习策略的例子罢了，是通过高度训练而非天生的，是被自动化的过程。根据乔姆斯基的语义理论，心灵或大脑中有语义表征，它们是天赋的、普遍的。我们的概念根源于它，并可分解为它。语义表征之所以有天赋性，是因为心灵是自发功能作用的集合，具有模块性。与上述观点密切相关的是"布伦塔诺论点"，即"意向性是一种原始的（Primitive）现象，是真正把思想与事物、心灵与外部世界关联起来的现象"。[①] 普特南有时把这种观点称作心理主义。因为它是这样一种倾向，它认为概念是心灵

---

① H. Putnam, *Representation and Reality*, pp. 1 – 2.

或大脑中发生的、可从科学上描述的实在，因此是心理学上真实的东西。普特南毫不留情地指出："这种倾向是错误的。"① 因为没有注意到"我们的概念还依赖于我们的物理的、社会的环境"。② 由于有这一外在主义约束，因此意义、内容像进化一样具有不可预言性。

四 语言输入假设

在 20 世纪 70 年代以前，关于思维与语言关系问题有一个几乎结论性的观点就是，思维决定语言，又以语言为加工媒介离不开语言。随着人们对思维的精确性认识和语言学的发展，哲学家们认为思维与语言关系的定论下得太早了。他们提出，自然语言是如何进入大脑的，如何进行加工的？这样就有了关于思维语言假说的提出。最早关于语言输入假设的是萨丕尔－沃尔夫语言假设。他们认为语言并非思维的产物，语言独立产生，语言中包含有知识。另外，作为一名语言学家毕克顿对传统的进化论产生怀疑，提出"语言的出现才是人类与其他生物相区分的所有那些心智特质的直接根源"③。也就是语言决定论。

当然语言决定论提出后，立即引起了学术界激烈的争论。支持者有特拉格、卡罗尔和霍易泽等人，他们认为尽管思维可以独立于语言而存在，但是语言对使用语言的人的思维方式和行为会产生影响。反对者有朗格克雷和费什曼，他们指出语言决定论缺乏强有力的证据，结论有失偏颇。

在 20 世纪 70 年代之前，一般认为人的思维离不开自然语言，并用自然语言来加工。但是具有音或行的自然语言优势如何进入大脑的呢？自然语言和人工语言究竟有什么区别呢？直到目前为止，人类的

---

① H. Putnam, *Representation and Reality*, p. 7.

② Ibid. , p. 15.

③ D. Bickerton, *Language and Human Behavior*, Seattle: University of Washington Press, 1995, p. 156.

自然语言都是一切其他人工语言所无法企及的。自然语言是人类智能的表现，是区别于所有生物及人工智能的本质特征。因为自然语言可以容纳错误和矛盾，而人工语言必须按照事先制定的程序进行，不允许矛盾。美国当代著名哲学家、认知心理学家福多在 1975 年出版的《思维语言》一书中最先明确提出"思维语言"的概念，并在其后许多论著如《表征》（1981 年）和《心理语义学》（1987 年）等中加以进一步的阐发，形成了比较系统的理论。自此语言决定论走向语言天赋论。

福多指出"思想的媒介是一种天生的语言，它与所有的口语都不同，而且它是完全语义表达的。所谓的心理语言被认为是一种天生的语言，它包含了用于任何命题的所有必要的概念资源，而且人类能够掌握、思考与表达它，总之，它是思想和意义的基础"。正是因为思维语言是天赋的、普遍的，所以对于操不同自然语言的民族来说思维语言是共通的。这正是不同民族不同种族之间语言能相互转译的前提和基础。福多的思想语言假设指出人天生就具有这种思想语言，因为这是人类所独有的基因决定的。自然语言是需要通过学习而获得的，而思想语言是内在的天生能力，不是学习而来的。因此，人类学习语言单凭经验和环境还不足以说明问题，在学习之前就已经具备了很多天生的认知功能和结构。所谓思维语言就是指人在思维过程中所专用的一种不同于自然语言而近似于计算机的机器语言的、内在的、特殊的符号系统，是储存、载荷信息并可为思维提取出来、直接呈现在思维面前为其加工的语言媒介。从现象上看，或借助于我们的内省和体验，人的思维所用的好像是自然语言的字、词、句。其实不然，自然语言不能直接进入人脑，因而不可能为其理解和加工，它们只有转化或翻译成思维语言才能如此。就像计算机只有将原语言程序翻译成机器语言程序才能对之进行计算一样。依此类推，人在思维中所用的也只能是一种特殊的形式化语言，在思维后说出与写出的自然语言词句则是人脑将思维语言予以转译的结果。福多论证说：表征（representation）以及对表征的推论操作离不开表征的媒介即思维语言，在人类主体和计算机中都是如此；例如计算机所能"理解"并加工的只能是机器语言，基于人类思维与计算机的计算的类似性，可以合理地假定：人的思维由以进行的是一种或更多种的"机器语言"。[1] 如普特南所说：思维语言"是一种表示假设的、大脑中的形式化语言的类似物的名称"[2]。

关于思维语言与思维的关系，福多在《心理语义学》等论著中作了经典的表述。他强调，前者是后者的直接的、名副其实的媒介。因为思维作为内容是以思维语言为媒介而储存和表征的，思维作为操作、加工活动是对思维语言的提取和处理。他说："有一种内在的表征系统，一种内在的思维语言，我们正是以之进行我们的思维活动的。"他还具体解释了"我们用这种语言思维"的两层含意：（1）与思维有关的心理状态就是有机体与作为标记的心理表征的关系，或者说思维就是有机体处在与一定思维语言句子的一种特定的关系中；（2）心理过程（如推理、信念的形成等）是对这种内部语言符号的一系列计算操作。[3]

接下来的问题是思维语言又是如何进行思维处理的呢？对于这一问题的解答必然涉及思维语言和心脑计算机制的结合问题。而福多正是在此基础上提出了心理模块理论。福多将认知加工系统分为两个部分：输入系统和中枢加工系统，只有输入系统才具有模块性，即范围特异性和信息封装性。输入系统除了传统的听、视、触、味、嗅五种感觉之外，还有语言。语言就是先天的模块，具有天赋性、领域特殊性、信息封装性、自主性和强制性等特征。

---

① W. Lycan, *Mind and Cognition*：*A Reader*, Basil Blackwell, 1990, p. 277.

② H. Putnam, "Computational Psychology and Interpretation Theory", In D. Rosenthal (ed.), *The Nature of Mind*, Oxford University Press, 1991, p. 528.

③ J. Fodor, "Psychosemantics", in W. Lycan (ed.), *Mind and Cognition*：*A Reader*, Basil Blackwell, 1990, pp. 312 –313.

语言输入假设认为思维语言不仅是客观存在的，而且在我们的心理生活中起着不可或缺的作用。因为一来思维语言是思维直接的、名副其实的媒介；二来思维语言是先天的、是习得母语的中介。在 H. 西蒙看来，思维语言实质上就是乔姆斯基所说的深层句法结构，而深层句法结构正是人们习得母语的基础。最后，思维语言在人做决定的意志活动中还起一定的作用，它为我们说明心理状态的因果作用、解释行为的发生提供了条件。民间心理学常用信念、意图之类解释人的行为的发生。而在福多看来，信念之类的心理状态对行为的因果作用取决于心理表征或思维语言的性质，这些性质不用提及头脑之外的事情就可得到描述。

思维语言假说虽然能深化语言与思维的研究，但毕竟有需要进一步完善之处。也有不少人对此提出了批判和质疑。经验论者如普特南批判思想语言假说是建立在一个误导而毫无根据的语言习得模型上，认为语言获得特别是语词意义的获得是整套技能获得中首要的，是知道如何做的一部分。因此，当我们学习英文单词"green"时，我们同时学习如何正确应用它。这并不意味着是思维语言的某种表现。同时，经验论者认为获得该技能的能力和获得更广泛认知技能的能力是一样的。因此，并不需要先天思想语言解释母语获得，而且也没必要用天赋观念来解释我们使用自然语言时所用观念的获得。

丹尼特等人更是对思维语言作出了否定性的论证。他说："头脑中的句子"表现为用大脑粉笔写在大脑黑板上的铭文，这种观点不说是怪诞的，起码是想象出来的。另外，主张有思维语言的观点还必然碰到这样的问题：关于思维语言，除了已有的那些类比说明之外，我们还能说些什么呢？总之，在他看来，"关于心理表征的思维语言模型以这样和那样的方式已成了指数爆炸的牺牲品"①。

---

① D. Dennett, "True believers: The Intentional Strategy and Why it works", In D. Rosenthal (ed.), *The Nature of Mind*, Oxford University Press, 1991, p. 350.

通过上面的分析，可以看到对于思维语言假说我们的确需要谨慎对待。思维语言假说在有些方面还不够完善，比如有些论点缺乏充分、可靠的科学和实验根据等。但是该假说有许多值得我们思考和借鉴的观点。如认为思维语言具有物理性，是一种物理符号或者说是大脑中神经元的某种连接方式，这显然坚持了唯物一元论。另外，尽管思维语言假说从根本上说也是以机器语言为类比基础的，但由于计算机是一种模拟人的思维且在功能上更接近于人脑的实验工具。因此以此为类比基础较之以前的认识自然是一种进步。它能帮助我们比较具体、精确地描述和说明人的思维的结构、过程以及由以进行的媒介，较好地说明这种媒介的构成因素、结构和实质以及它与思维的关系。如果我们肯定思维有其直接的作用对象，其进行离不开一定的媒介，而自然语言的字词句又不能是这种对象和媒介，那么以计算机为根据，从对思维运作的解释的角度，提出思维语言的假说不仅是可能的，而且是必需的。

五 语言进化假说

人类学家研究表明，口语的进化是人类史前时期进化的一个转折点。夏威夷大学语言学家毕克顿在 1990 年出版的《语言和物种》中认为：只有语言能够冲破锁住一切其他生物的直接经验的牢笼，把我们解放出来，获得了无限的空间和时间的自由。语言使人产生意识世界和文化世界，因此既是一种沟通手段也是思考的媒介。

那么究竟语言在人脑中的哪个区域呢？现代解剖学及对失语症、脑损伤的研究表明，大脑两半球都参与了语言功能，后来左半球在语言功能上比右半球更具优势。不过迄今为止，我们对大脑中语言皮层神经解剖的结构及其机制还所知甚少，大脑是如何完成语言这一功能仍然是一个谜。但人脑的语言区在幼儿出生之前就已经形成，并且可以胜任任何语言学习。在这一点上已经毋庸置疑，可以说语言区的微观结构在遗传的指令下于胚胎期已经形成。

关于人类语言进化之源有两种观点。第一种认为语言是随着人类大脑的增大而产生的一种能力，是人的独特特征，是晚近时期才迅速出现的。第二种认为口语是在非人的祖先中通过各种作用于各种认识能力的自然选择而进化的。所以语言是随着能人进化而开始的，是人类史前时期逐渐进化而来的。语言学家乔姆斯基及其同行支持第一种观念，认为在人类历史早期寻找语言能力的证据是没有什么用处的。而那些试图通过计算机和任意的词形教猿猴用符号进行某种形式的信息交流的人来说，强烈反对第一种观点。①（见图5-2）

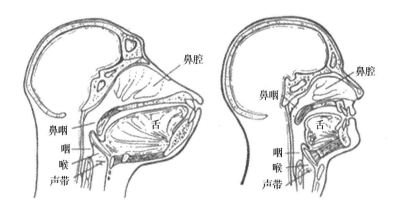

（声道 左图，像所有哺乳动物一样，在黑猩猩的声道中喉位于喉咙的高处，这是一种容许呼吸和吞咽同时进行的结构，但是限制了咽部空间能够发出的声音的范围。人类的喉在喉咙中的位置低，这是独一无二的。结果人类不能同时呼吸和吞咽而不噎住，但是他们能发出范围很大的声音。在所有早于直立人的人的物种中，喉的位置是像黑猩猩的）

图5-2 黑猩猩与人的喉的结构对比

按照乔姆斯基的观点，语言的出现是历史的偶然事件，是一种一旦越过某种认识门槛就会出现的能力，我们无须指望自然选择为语言

① 参见理查德·利基《人类的起源》，吴汝康等译，上海科学技术出版社1997年版，第七章。

的根源。平克在 1994 年发表的《语言本能》中，反对乔姆斯基的这种观点。他收集了有利于口语遗传基础的证据，认为脑量的增加更可能是语言进化的结果，而不是相反。他说："使得语言产生的是脑的微型电路的精确的接线，不是总的大小、形状或神经元的组装。"

接下来的问题是，有利于口语进化的自然选择压力是什么？不可否认，其压力就来自我们的祖先进行狩猎和采集时，语言能够提供有效的沟通。随着社会协调需要的增加，语言的沟通价值越来越明显，这样就需要进一步提高语言能力。1949 年肯尼思·奥克利的《人、工具制造者》对这一看法进行了高度的概括，他认为：现代人的出现是由于语言"完善"到我们今天经历的水平而引起一连串的连锁反应的结果。换句话说就是现代语言造就了现代人。

当然关于语言进化的性质及其所发生的时间各种假说意见分歧很大，各自都拿出了各种证据证明。最近出现了一种融合性的新的解释。就如温纳 – 格伦（Wenner-Gren）人类学研究基金会在 1990 年 3 月组织的题为"人类进化中的工具、语言和认识"的会议中指出的一样："因为人的社会智力、工具的使用和语言都依赖于脑量以及相关的信息加工能力的量的增加，没有哪一个能够充分成熟地突然出现，就像智慧女神密涅瓦（Minerva）那样突然从宙斯（Zeus）头上出现。更可能的是，像脑量的增加一样，这些智力能力中的每一项一定是逐渐进化的。此外，因为这些能力是互相依赖的，没有一个能够孤立地达到现代的复杂水平。"而要解开这些相互依赖的关系，又将是一个巨大的挑战。原始语言的运用确保了我们的祖先一步步进化的成功，这些每一步进化的成功才有了我们现代人。

第三节 新计算主义范式下的模块天赋理论

在认知科学中，心理模块是指心灵由独立封闭并且领域特殊的模块组成，比如视觉模块和语言模块。心理模块论是新计算主义范式下的一种认知理论。福多认为乔姆斯基虽然将人的认知看作是信息处理的过程，但是需要一种计算的媒介。既然自然语言在计算过程中不能充当媒介，那么必然需要寻求一种天生的媒介。而这种媒介在福多那里就是"思想语言"。福多不仅认为语言是天赋的，而且提出天赋的模块论。模块性成了辩护天赋性的最好论据，如语言天赋论就用语言加工的模块性来论证语言机能天赋性。福多认为模块是天生的，并且每一模块的任务是专一的界限清晰的。由于福多并没有摆脱计算主义，因此也会遇到串行运算的速度限制问题。同时，对模块界定太死，难以和生物神经科学对应起来。

福多心理模块理论以官能心理学为基础，即认为心灵存在一定的先天功能并且生物学上的脑器官倾向于执行特定计算过程。他并不认为整个心灵都是模块的，由认知模块组成的输入系统具有模块性，而范围非特异性的中枢系统不具有模块性。自从20世纪80年代"模块"一词进入认知科学领域，到现在其概念和理论都发生了巨大变化。特别是进化心理学，主张心灵的建构比福多的模块概念更普遍。尽管福多将模块性限制在低水平的输入系统上，但后福多学者比如卡拉瑟斯（Carruthers）主张心灵彻头彻尾是模块的，既包括低层次的输入系统，也包括高层次的中枢系统。模块化也在认识论、语言哲学以及哲学重要领域的最近几次辩论中发挥着重要作用，其作为思考心灵工具的实用性进一步得到了证明。

一 福多的心理模块性

（一）福多的模块概念

官能心理学认为不同感官具有不同的机能，每一种机能都在大脑的一定区域有各自的位置。当然官能心理学由于过分强调了对机能之间的区分，遭到以联想主义为代表的心理学派的批评。而福多的模块理论是站在反对行为主义的立场，从19世纪加尔的官能心理学出发，强调知觉输入过程和认知过程之间的区分，把自己提出的模块理论看成是对官能心理学的修订。

福多认为心灵是由许多子系统组成的，而这些子系统分别具有不同的属性。可以按照功能分为三大类：转换器、输入输出系统和中心系统，只有输入系统才具有模块性。

他在《心理模块性》（1983 年）一书中并没有明确模块的定义，只是给出了一个描述性的解释。他将由模块构成的输入系统与其他认知系统相区别，提出了 9 大特征。分别如下：范围特异性；操作强制性；有限的中枢通路；快速性；信息封装性；"浅"输出；固定的神经结构；特殊的损伤模式；个体发生上特定的步骤和顺序。当然福多所指的模块应包含这九个方面，条件非常苛刻。

其一，范围特异性是指每个模块只处理与其功能相符的信息，即模块是特殊化的计算机制，"范围的怪异性使加工的模块性合理化，而加工的模块性朝着如何解释怪异范围的高效计算迈进了一步"①。感觉方式（听、视、触、味、嗅）和语言都属于信息输入系统，都有各自互不相同的心理机制（垂直官能）与不同的刺激范围相对应。比如句子识别系统的结构与语言普遍的特性相对应，该系统也只在具有这些特性的范围内起作用。

其二，操作强制性是指人们不能控制一个模块是否适用于既定的输入，模块的表征输出对由经验而修正的东西不敏感，具有强制性。"输入系统的强制性表现在它提供了传感器的输出通达中枢加工的唯一路径；如果传感得到的信息确实对思维产生了影响，那么它必须通过输入系统所进行的计算来实现。"② 比如当你不得不听的时候，只能将耳朵用棉花塞住才能做到不听。

其三，有限的中枢通路，是指心理的其他系统有限制地通达到一个模块内正在加工的东西，"知觉的中间水平对于高级的认知系统来

① 福多：《心理模块性》，李丽译，华东师范大学出版社 2002 年版，第 50 页。
② 同上书，第 51 页。

说则是不透明的……中间表征有时完全无法通达中枢加工，或者在一些情况下必须付出一定的代价才能通达"①。比如，如果言语中的差异在次音位上，那么由音节构成的话语是无法区别出来的，尽管听觉结构上是有差异的。

其四，快速性是指输入心理加工非常快速，与相对慢速的心理中枢加工是不同的。一个场景的知觉是非常快速地实现的，与对一个问题的思考所用的时间来说是神速。

其五，福多认为信息系统的封装性是模块性的关键特质，是指每个模块只能利用其内部的信息来计算表征，不能利用其他任何东西。模块只能通达低层次处理阶段的信息，而不能通达中心系统的信息，也就是说高级中枢系统的信息不能反馈作用于输入加工。因此模块是独立于背景知识的。例如"眨眼反射"，是即使知道不会戳伤眼睛的情况下，被戳者仍然会眨眼。这是因为眨眼反射是强制性的，无法涉及信念期望等认识。

其六，"浅"输出是指模块只是提供输入的初步信息。比如视觉分析系统之报告物体的形状和颜色，但是不会更进一步告诉其化学成分之类的。

其七，固定的神经结构是指模块系统具有固定的神经结构，就如身体的器官是遗传特化的，是天赋的。

其八，特殊的损伤模式是指模块与特定的神经构架紧密相连，输入系统的病变就是由这些特异性的神经回路的损失所致。

其九，个体发生上特定的步骤和顺序就是指输入系统在个体发生上有顺序和速度。当福多把认知系统说成是模块时，总是"在某些令人感兴趣的程度上"。信息封装性和有限中枢通路是问题的两个方面。两者都涉及信息流计算机制，只是信息封装性是对信息流进入机制的

---

① 福多:《心理模块性》，李丽译，华东师范大学出版社2002年版，第58页。

限制，有限中枢通路是对信息流输出的限制。①

对"模块"一词的明确定义出现在福多在《心理模块性概要》（1988 年）一文中。他说：模块就是信息封装的计算系统，它具有推理机制，并且所接触的背景知识受到认知结构一般特点的制约，这种制约是相当严格而持久的。模块可以看作是具有专用数据库并能实现特定目的的计算机。

为什么输入系统具有模块性，福多认为这是从目的论的角度考虑所作的回答，同时脑科学和神经科学研究成果也论证了心灵的模块性。例如，脑损伤研究表明，大脑的某部分的损失会导致某一功能的异常，这就足以证明大脑功能的专门化。另外，神经科学家强调超过一半的大脑皮层致力于视觉也论证了像视觉这样的输入系统是领域特殊的。

（二）认知机制的功能分类

福多认为心理之于大脑犹如软件之于硬件，用三分法对心理功能进行分类：传感器、输入系统和中枢系统，这三类机制相互独立，信息流会依次到这些机制。输入系统的功能是让信息进入中枢加工器，是传感器和中枢系统的中介。传感器先将有机体所接受的刺激传递给输入系统，输入系统进行初步处理后转换成中枢系统可以加工的表征。传感器的输出只是有机体的刺激情况，输入系统传输的是归纳了的物体的特性和分布，中枢系统则是对输入的信息进行推理。

福多认为输入系统大体上有 6 个，即听觉、视觉、触觉、味觉、嗅觉和语言。这里福多将语言也纳入输入系统，和传统的分类法不同，他认为知觉系统和语言在功能上是类似的，并且具有模块性。中心系统的典型功能是通过推理来形成信念，如思维、问题解决、决策等，不具有领域特殊性。因此福多认为只有输入系统才是模块性的，而"中心系统"是非模块性的，而模块都是先天的。

---

① 福多：《心理模块性》，李丽译，华东师范大学出版社 2002 年版，第 66 页。

由此可见，福多是在功能主义的角度理解模块，模块不是某个具体的实体，而是从功能的角度将心脑划分为输入系统和中枢系统两个不同的部分。模块就是一个功能单元，执行特定的功能。而模块也是一种信息加工机制，用来解释认知加工的过程，一个模块就是一种心理机制。①

福多在对各种官能心理学的回顾中，重构了心理结构理论。一是不赞成新笛卡尔主义者乔姆斯基等人把心理结构看成是知识结构，认为虽然乔姆斯基将心理官能与身体官能无异有一定的道理，但是用结构一词会混淆身体和心理的区别，在此基础上提出了心理结构的心理机制思想。二是驳斥了传统的水平官能心理学将官能假定为在不同主题是不变的，放弃了空间原则来支持功能原则。三是对加尔的垂直官能学说进行辨析，认为其包含四个因素，即范围特异性、遗传决定性、计算自主性以及与其他神经结构相联系，具有重要的借鉴价值。

（三）福多模块理论的争论

福多模块理论的提出对心灵哲学、认知科学、心理学等相关领域产生广泛影响。其一，最直接影响是为认知神经科学的研究提出了理论依据。其二，研究者以模块论为基础，探讨不同模块所固有的神经结构。其三，模块理论强调了领域特殊性的认知过程，引发人们思索神经系统结构对我们认知活动的限制。许多认知科学家对一些认知过程重新思考，并用心理模块性为理论基点提出一些新观点，发展了福多的模块理论。

然而模块理论也由于其自身的缺陷而招来诋毁和争论。有人认为模块理论实际上隐含着一个"悖论"：既然只有心理的外围或边缘（知觉和语言）是模块性的，而心理的主干或中心（高级认知）是非模块的，那么"心理模块性"这一论题还有什么意义呢？另一些人

---

① 熊哲宏：《"心理模块"概念辨析——兼评 J. Fodor 经典模块概念的几个构成标准》，《南京师范大学学报》2002 年第 6 期。

认为，输入系统和中心系统的划分是错误的，特别是中心系统的非模块性更是站不住脚的，中心系统也可以是领域特殊和信息封闭的。还有人认为，福多从中心系统的非模块性而推论说"模块性的局限也可能就是我们对心理理解的局限"，并断言中心加工将不适宜作为科学研究的对象，这将会严重误导认知心理学家，形成认知心理学中的悲观主义等。

不过在模块理论大获成功之际却被它的首次倡导者废除了。福多在 2001 年出版的《心智不是那样工作的》一书中提出，虽然模块理论将心智进行破解为分立的计算模块是最好的解释，但是它仍然不能说明心智是如何工作的。[①] 福多认为心智能够从大脑的一些部分所提供的信息出发做外展的全局推理，思考是一个整合视觉、语言、移情和其他模块在内的通用活动。因此，作为模块而运作的机制预设不了并不作模块运作的机制，同时对这些机制本身我们知之甚少。不过有一点还是可以肯定的，就是在制造具有各种能力的大脑时，制定了各种分立的回路，这些回路允许执行适当的计算。在人类心智那里，有的模块在人的整个一生中都在调整，有的则随经验快速变化然后定型。

我们认为福多的模块理论是经典的标准模块理论，也是一种强的极端的天赋理论。这种理论虽然能很好地说明某些比如自闭症等心理现象，但是无法解决认识的发展问题比如记忆等。这样针对福多的标准模块理论，不同学者们对模块有不同的理解。有的认为模块不是天赋的，是一个逐渐模块化的过程，即"温和模块性"；有的认为不仅输入系统具有模块性，中枢系统中的全部或者大部分也具有模块性，即"泛模块性"；还有的认为心灵认知系统都不是模块性，主张抛弃模块性概念，即"反模块性"。

---

① 参见 J. Fodor, *The Mind Doesn't Work That Way*, MIT Press, 2001。

二 温和模块性

如何对福多的标准模块理论进行发展呢？其实福多模块论标准太强，强在其封闭性、不可通达性、领域特殊性和天赋性上。这些过强过严密的定义使得其模块化无法解释心理运作过程。卡米洛夫－史密斯在《超越模块性——认知科学的发展观》一书中探讨了领域特殊性和领域一般性以及先天后天关系问题，提出了一种调和先天论和建构论的温和模块性理论。她既不认同福多的强模块性，把所有的模块都认为是先天的；也不认同后成建构论。

（一）渐进模块性概念

卡米洛夫－史密斯对福多的模块性概念持保留态度，认为福多没有考虑新模块的形成，同时"希望把预先规定的模块和模块化过程（我推测，这会作为发展的产物重复的发生）这两个观念加以区分"①。她认为心理的模块性是一个逐渐模块化的过程，先天规定的、领域特殊的素质只是在很小的范围内对输入加工进行限制。也就是说先天素质不过是一种倾向或偏向。她对先天规定性也作了重新界定："我在书本中用'先天规定'这个术语，并不是说在出生时就存在预先规定的模块的遗传蓝图。我主张的先天规定的素质要比福多的先天论所说的来的后成。贯穿本书的观点是天性规定了最初的偏向或倾向，它把注意引向有关的环境输入，而这又反过来影响随后的脑发育。"②

史密斯在对先天规定以及模块进行重新定义的同时考察了领域。从发展心理学的角度，她认为领域是支持某特定范围知识的一组表征，比如语言、物理等。那么发展是领域特殊还是领域一般呢？先天论与建构论在这一点上争论激烈。皮亚杰主义以及行为主义者们认为

---

① 卡米洛夫－史密斯：《超越模块性——认知科学的发展观》，缪小春译，华东师范大学出版社 2001 年版，第 4 页。

② 同上书，第 4—5 页。

人的认识是领域一般的，发展是建构表征结构中领域一般性的变换，都不同意婴儿有任何先天的结构。福多先天模块性认为是领域特殊的，后天的学习要受到先天领域特殊性的引导。

脑损伤、自闭症等一系列神经心理学实验研究表明，心灵的领域特殊性是存在的。同时先天的规定性越多，后天的灵活创造性就会越少。这点又无法说明人类认知的多样性和变化。发展既包括先天的规定性，又有心理和环境的互动作用。因此，无论是领域一般性还是领域特殊性都无法给发展一个有力的解释。史密斯中和了两种理论，认为它们并不必然的不相容。她指出："当先天素质只是一种偏向或一个概略时，那么环境的作用就不仅是一个触发器，它通过心理和物理、社会环境之间的丰富的后成互动而实际影响大脑的随后结构。"① 那么到底是详细的概略还是粗略的倾向呢？这就要看具体在什么领域里了。

（二）表征重述（RR）模型理论

信息的封装性是福多模块概念的一个非常重要的特征，也就是说模块只是通达下层次的处理信息，不能通达中心系统过程的信息。一个模块的操作过程不受任何中枢系统信念愿望等的影响，也不受任何"背景知识"干扰。这就是说中心系统的信息无法向输入系统进行反馈，即"认知的不可人性"。但现实的认知变化是知识越来越容易受到影响。卡米洛夫－史密斯只承认模块的相对封装性，并通过表征重述来对认知的渗透进行论证。

表征重述就是将心理中的内隐信息以后变成心理的外显知识的过程，即可在一个领域，也可在领域之间，其过程都是一样的。所以表征模型和皮亚杰的时期模型不同，是阶段模型，假定在发展的整个过程中反复循环发生。

---

① 卡米洛夫－史密斯：《超越模块性——认知科学的发展观》，缪小春译，华东师范大学出版社 2001 年版，第 14 页。

史密斯首先假定了儿童发展的三个循环阶段。阶段1：儿童关注外部各种环境信息，并形成"表征附加物"；阶段2：儿童内部表征成重点；阶段3：内部表征与外部表征融合达到平衡。由此可见人脑由领域特殊的先天因素制约并引导从而建立不同的表征。这样表征重述就是在按照不同的层次不断地整理加工的一个循环过程。问题是怎么维持这些循环呢？

接着她提出了知识的表征和再表征的4个水平：内隐（I）、外显1（E1）、外显2（E2）和外显3（E3）。水平I对外界环境资料进行分类，无法形成领域内外的联系。水平E1将水平I以程序方式编码重新编码的压缩形式，失去了某些细节。水平E1是对水平I的超越，使意识的通达和语言的报告具有可能。水平E2表征可以通达意识，到水平E3可以通达语言报告。通过这一表征重述，相同的外部环境资料就可以以不同的水平进行储存了。而这里所有表征的基础是水平I，只有行为掌握的表征稳定后，才有后来不同层次的表征。即："内部系统的稳定性作为产生表征重述之基础的作用。通过表征重述的反复过程，而不仅仅是通过与外部环境的相互作用，认知的灵活性和意识最终得以产生。"①

史密斯的RR模型理论是对福多模块性和皮亚杰建构论的超越，综合了两者的优点。她一方面肯定了领域特殊性的先天倾向性思想，认为人有先天的语言倾向，同时又超越语言进行表征重述的内驱力。另一方面她强调了发展的重要性，为语言习得与一般认知之间打开了通道。不过总体上看，史密斯更偏向于先天论和领域特殊性。当然渐进模块性概念的提出引起很多认知心理学家的争议。她本人也承认很多论点只是推测，需要更多的研究。

---

① 卡米洛夫－史密斯：《超越模块性——认知科学的发展观》，缪小春译，华东师范大学出版社2001年版，第24页。

三　泛模块性

在福多的模块性无法解释心智过程的情况下，有些研究者认为心智中大多数信息加工系统也是模块的。例如 20 世纪 90 年代人类学家约翰·托比和心理学家丽达·科斯米德斯发展了模块概念。他们认为心智就像一把瑞士军刀，既有视觉模块、语言模块还有移情模块。就如同瑞士军刀的各种工具一样，这些模块也都是有目的的。[①] 心智就是由适应过去环境的一组内容特定的、处理信息的模块构成的。斯珀伯（Sperber D.）也认为虽然模块的性质还需要不断研究才能得出，但是实际上人的心灵几乎完全是由认知模块构成的。[②] 平克认为模块应由它们接受信息的具体操作界定，而不是取决于功能，中枢系统也是模块性的。这就是泛模块性论题，这一理论的提出很快引起了极大争议。

（一）泛模块性论题的论点

泛模块性论题中对模块的界定是从功能专门化的角度进行的，也就是功能模块化。他们认为个体的大脑是由相对相似而又彼此存在细微差别的功能模块组成的，那么对任何既定的大脑造成的损伤都将会产生独特的分解模型。就如同传统的台式电脑一样，完全是模块化设计的，是可以分离的。如卡拉瑟斯所说泛模块性就是："心灵完全是由不同的成分构成的，每个成分在总体的功能中都承担着某种特殊的工作。……许多这类成分属性能独立于其他成分的属性而变化……其中一些成分如果损坏或完全消失，其他成分的功能至少可能部分地不

① J. Prinz, "Is the Mind Really Modular", In R. Station, *Contemporary Debates in Cognitive Science*, Malden: Blackwell Publishing Ltd. , 2006, p. 22.

② D. Sperber, "The Modularity of Thought and the Epidemiology of Representational", In: Hirshfeld L. et al. , *Mapping the Mind: Domain Specificity in Cognition and Culture*, New York: Cabridge University Press, 1994.

受影响。"①

首先，泛模块性论者认为心理过程包括多种特殊系统而不是单一的一般性用途。功能的特殊系统可能有不同的实体化途径，就像有机体的形态特征执行功能时的多样化一样。这是因为其一，大量的功能特殊信息加工机制比少量的只具一般功能的系统更有效地执行任务。由于这个原因，自然选择更倾向于引起功能—特殊认知机制的发展系统。其二，信息加工系统也面临着"易于计算处理"的问题，包括一些广为人知的框架问题或相关问题以及组合爆炸。例如在语言学中，一直都知道为儿童提供的言语信息本身并不能用来产生语法规则或者语言的语义。这些问题和计算达到理想的目标需要大量的计算资源或时间。鉴于这一原因，自然选择更青睐计算机制掌控的信息特殊性。其三，由于适应问题机制的广度，多种计算系统要以一种反映身体多种心理系统的方式来解决问题，如心脏和肝脏一些明显可见的器官形式。由于对有机体的适应性，模块经过一系列后裔修改。因此，对发展系统起作用的自然选择在发展中不断构造模块，塑造着模块的特征。

其次，泛模块性论者认为作为特殊性进化过程直接的不可分割的结果，模块是领域特殊性的。因为它们以一种特殊的方式掌控信息，有着特殊的输入标准。只有特定类型或格式的信息才能被特殊系统加工。例如言语知觉加工的系统特殊性就只转换声波；良好食物决策过程中的特殊系统只会表征具有不同潜在营养价值的食品。因此，领域特殊性是功能特殊性必要的结果。每个达尔文模块都致力于解决进化过程中所产生的信息处理问题，而这些达尔文模块都是自然选择的结果，是进化过程中在面对压力和问题时自然选择发明的。这意味着每一种装置仅对其合适的输入敏感，因此能选择来自共有区域中的这样

---

① P. Carruthers, "The Case for Massively Modular Models of Mind", In: Station R., *Contemporary Debates in Cognitive Science*, Malden: Blackwell Publishing Ltd., 2006, p. 4.

的输入。一般地，任何情况下的装置仅对一种输入敏感，不需要一种"元"装置去引导它。例如，眼睛和耳朵都暴露于灯光和声音下，但是眼睛仅仅对光进行加工，而耳朵仅仅对声音进行加工。

再次，泛模块论者认为信息加工系统不仅仅存在于边缘系统，而且贯穿整个结构。毫无疑问，不同信息类型由大脑中不同系统所操纵。在它们执行任务时都可以被认为具模块性。而心理机制则是进化的产物，自然选择不仅发生在人的外在身体上，也发生在内在认知结构上，信息加工过程会为了解决现实的问题而不断地进化。这样行为就是心理机制和外在环境作用的产物，心理机制是行为的前提，对外在环境高度敏感；而外在环境影响心理机制的激活等。

最后，由于泛模块性承认中枢系统也是模块的，因此模块的输出就不是浅出的，加工的快捷程度虽然有所调整，但是也是快速的。同时他们对于信息封装性也没有放弃，认为："模块可能是可分享的功能特殊的加工系统，它们的操作是强制性的，它们和特殊的神经结构联系在一起，其内部操作可能既与其他认知部分相封装，又不能通达那些部分。"[1] 泛模块性主张进化了的模块构成自动心理过程，当这些心理过程受到特定的引发刺激就会本能地被激活。

（二）泛模块性论题的论证

福多依据心理计算的局域性和思维活动的整体性之间无法化解的矛盾，提出中心系统是认知科学的禁区，是非模块性的。泛模块性则从进化的视角考察论证，"思路是从自然选择（进化的主要原理）到适应器（由自然选择所选择的以解决适应问题为功能的机制）再到这些适应器的模块性"[2]。具体论证如下：

一是可进化性论证。斯珀伯把模块的专有领域看作是由自然选择加工设计的模块输入种类。例如，引起面部再认系统加工的可能不仅

---

① P. Carruthers, "The Case for Massively Modular Models of Mind", In: Station R., *Contemporary Debates in Cognitive Science*, Malden: Blackwell Publishing Ltd., 2006, p. 7.

② 田平:《泛模块性论题及其认知科学意义》,《科学技术与辩证法》2007 年第 5 期。

仅是只有面部，还有正式属性的更广泛的刺激。进化功能观认为情景调节处理作为情景中的信息这一假说本身也是模块系统的输入。进化的稳定性要求复杂系统可以进行分离，也就是功能的分离最后按照等级组织起来。心灵的进化必然也是按照这样的方式进行，是可以进行分离的。

二是可解决性论证。任何一个生物在面临不同的环境情景下都会很好地解决不同的问题。人类进化过程中，同样遇到各种各样的压力。例如生存的压力、繁衍的压力甚至群体生活所带来的压力。我们的祖先在面临并适应这些压力的过程中，自然选择使那些优秀的强大的种群得以延续。人类的认知机制也是在这样的自然选择中发展起来的，也必须能够解决各种特殊任务。对每一个任务都需要对应不同的内部机制，来对不同类的信息进行专门处理。

三是灵活性的论证。认知系统需要具有灵活性，心理机制的模块性可以引导心灵灵活地处理各种事情。因为自然选择的作用不仅仅是塑造了一个可靠特定的模块，对特定的区域输入进行加工。自然选择也同样使得模块得到了进化，可以使其不断充实扩大，并进一步适应新的输入。这样人就能灵活地处理各种从未出现过的新的环境。

四是计算方便性论证。模块理论是建立在计算理论基础之上的，认为认知过程是通过计算实现的。而计算必须是在有限时间内完成，那么计算必须是封装的，即只需要处理与计算相关的数据，不需要考虑其他的信息。否则，计算处理过的信息会导致信息爆炸，计算就无法进行了。由此可以证明心灵是具有模块性的。

泛模块性论者认为一个领域非专门化的系统无法解决框架问题，因为它缺少专门特殊的知识去处理不同的情景，因此就会在不停的选择中无法发挥其功能。只有领域特殊性的系统才能避免这一问题，是框架问题解决的途径。如卡莱瑟斯所说："心灵应当或几乎完全是由模块性构成的……其中很多将是天赋规定的，这些成分系统应当运行任务特殊性的加工算法。"①

泛模块性论题是在对达尔文主义承诺基础上提出的，即认知机制是通过进化解决我们人类祖先适应性问题中形成的专门认知适应器。但是泛模块性自身也存在严重的问题。一是将功能专门化作为模块的概念使得模块概念本身更加模糊。因为正如福多所说，模块性的关键之点是在于信息封闭和与之相关的领域专门化的性质，虽然这两个性质可能蕴涵功能专门化的性质，但是这两个性质却并不为功能专门化的性质所蕴涵。因此，仅仅表明一个系统是功能专门化的，并不也就表明了这个系统的模块性。同时反模块性也无法解决思维模块进化及文化多样性等问题。尽管泛模块性是针对福多的模块性问题所提出的，但是其模块性的概念太强了，因为实验证据证明人的心灵有非模块性的中枢系统。例如概念整合，思想能力的通用性、推理的整体性等。我们可以自由地组合概念，可以从理论和实践的思考中作出判断，可以执行范围广阔的任务等。不管如何，泛模块性论题使我们通过进化的视角来理解心智问题，有一定的理论价值。

四　反模块性

反模块性认为心灵认知系统的输入系统和中枢系统都不具有模块性，模块性是一个容易引起歧义的概念。因为心灵中并没有表现出福多所列举的模块性的特征，如普林茨所说："我认为，'模块性'这个词语应该抛弃，因为它暗示了许多系统在福多的意义上都是模块性的，但这个命题缺乏支持。认知科学家应当继续进行功能分解，但我们应当抵制假定并增加模块的诱惑。"② 反模块性是用人类认知的实证观察来宣告这些观察和模块性主题的蕴含不一致。

---

① P. Carruthers, "The Case for Massively Modular Models of Mind", In: Station R., *Contemporary Debates in Cognitive Science*, Malden: Blackwell Publishing Ltd., 2006, p. 13.

② J. Prinz, "Is the Mind Really Modular?", In: Station R., *Contemporary Debates in Cognitive Science*, Malden: Blackwell Publishing Ltd., 2006, p. 34.

首先，模块性的领域特殊性和封装性容易产生歧义。根据模块结构的假设，如果把模块看作是一种输送管，那么领域特殊性就是管道入口处的输入属性，封装性就是外表加工不能影响管内加工。也就是说对过程的潜在影响也可认为是输入，而过程的输入和外部对加工的影响之间差别就会没有。这样有些机制就可能获得头脑中大量信息但只加工符合输入标准的信息。这样福多模块性所认为的只能限制地获得信息就有问题了。

不过这一证明并不能否定模块性。我们可以想象中心模块能够获得大量中心知识储备，但却会以特殊的方式加工信息。照这一观点，模块不会被局限于边缘心智。而是，特殊系统有着各种各样可能的功能。兴趣问题成为对特定信息加工装置的正式输入描述。

其次，就封装性而言，不能解释人类整合不同概念领域的信息的能力。福多的模块性认为，模块不能整合多种来源中的信息，因为模块是独立的。所以用非封装的认知机制更具解释力。例如，我们有自上而下或横向效应，也就是可以从已有的记忆和加工模式中引起对外来刺激分类和整合的过程。另外，功能磁共振成像，可以论证当执行一个特定的任务时，多个脑区的激活表明多种来源的信息的整合。这样中央系统就不可能是模块的，因为中枢系统能灵活地使用来自多种来源的信息，产生的不同结果取决于情境。

福多认为中央过程是诱导性的，而且封装的模块和任何类型的计算系统都不能进行诱导式的推理。例如，当科学家确定什么是一组观察到的现象可能的最佳解释的时候，他们就在进行诱导式的推理。诱导式的推理被认为是普遍的，原则上，任何信息都与推理有关。因此像言语行为的语用理解的过程，涉及诸如相关之类的普遍原则似乎是模块性必须排除的情形。

再次，模块构架的非灵活性可以被证伪。我们知道模块架构常常被认为与"不灵活"等同，并与"弹性"相反或者相似的术语。反模块性论者有的用大脑是"不稳定的、充满活力的"与模块化进行对比；有的用表明"皮质功能的巨大可塑性"的研究来反对模块化；有的指出："大脑可塑性证明封装模块观是不正确的"。

反模块性提出人类有领域一般的机制，能灵活地处理新异情景，特别是从前没有出现过的，或者在人类祖先环境下没有碰到过的情景。人类毫无疑问要面对并解决他们的祖先从未遇到过的挑战。例子是无限的，因为新的技术已经使得人们遇到了从驾驶飞机到更新软件等一系列问题。Chippe 和 MacDonald 认为：从模块化的观点来看，明白人类如何解决新问题很困难，因为，没有输入—输出关系的特征是基于过去能被解决的问题的再发生。

这一论点是建立在特有的输入—输出关系隐含着一种模块的特有的输入必须与在先祖的环境中出现的输入相匹配的基础上的。然而，这一论点忽略了合适的输入和实际的输入之间的差别。自然选择的作用是塑造一个模块的输入标准，以致它以一种可靠的、系统的和特定的方式从合适的区域对输入进行加工，这意味着，在与此相似的环境中，这些模块得到进化，其实际的区域（输入被实际的加工的地方）将大致地与其合适的区域匹配。

那么模块如何获得新异性呢？其一是模块正常的发展，然后由于新的任务而受到充实。例如，客体识别系统在没有任何来自阅读经验的特殊发展性影响的情况下也能发展，并且在接触符合输入标准的字母的情况下受到引发。另一个可能是在个体发生中，这些经验本身有利于模块的发展。即使在大脑中的信息加工的最低水平中——大脑中基本机制的模块性似乎是无异议的——新异刺激有规律地被加工。新异性对于任何认知构架而言都是一个潜在的问题，是通过自然选择而进化的产物。每一个新的有机体都要面对一个它们的先祖从未遇到过的世界。进化不能为有机体准备将是什么，而仅仅是过去是什么。模块架构提供了灵活性，因为它们允许成分以新的方式集合和联结起来。

复次，从输入系统的强制性、快速性和浅表输出来看，无法解释模块性。强制性或自动性并不是在所有的心理机制中出现，除非与受控制结合起来。另外，如果计算是由于基本的物理因果关系而运行的，即同一计算在任何所有情景下运行，那么自动化是一种令人费解的设计特征。因为情景敏感性是进化了的系统的一种观测到的属性。福多模块意义上的强制还会导致计算爆炸，所有相关的系统在每一相关的刺激的呈现中形成输出。加工的快速性也可以找到反例，比如启动，在非模块性过程中反而速度更快。同样，浅表输出无法用来区分模块与非模块，因为范围无法确定。

最后，福多模块理论中的论据，即根据神经生理学研究中的神经定位是有问题的。也很难找到足够的基因来具体说明泛模块性所要求的基因数目。根据最新基因组数据，先天模块的遗传规格需要脑皮层的具体突触连接，即使4万个基因也不能编码我们大脑中亿万个突触连接。另外，神经成像的研究也说明并不是特定的区位对应特定的感知觉系统，而是大范围的神经网络。在脑功能磁共振成像的研究中，两种不同的刺激（或任务）将引起相同的或一种相似的激活模式。而脑损伤者的报告也说明对同一脑区的损伤会产生不同的功能反应。这些都说明模块论所说的大脑区域有专门的功能是不正确的。

另外，找到专属于某一模块的基因是不可能的。细想手臂和腿的基因。建造手臂和腿部的基因在很多地方都是重叠的。同样的逻辑也适合心智模块的建构。

新模块结构假说对这一点进行了反批判。他们认为人类和猩猩之间的差异不能归因于相当数量新模块的存在。因为也许人类和其他物种共有大量同源模块。再者，虽然关于人类基因组和猩猩在多大程度上具有相似性的研究，我们已经取得很大的进展，但基因序列相似性和表现型相似性之间的关系很明显是非线性的。此外，在人类和猩猩大脑的基因表达模式上存在相当大的差别，这会导致大脑组织的差异。即使是人类"新颖的"模块结构也会被之前存在的模块所更改，细微的遗传变化也会引起表现型的巨大改变，产生新一代模块的发展过程保持不变。因而，要想排除人类关于进化时间或基因组差异争论的新模块结构假说是不可能的。

反模块性提供了大量的数据证明模块概念应该被抛弃，并提出了输入系统和中枢系统都并不具有模块性。但我们还是可以在低层次知觉中找到模块性，并不能完全否定模块性的存在。而泛模块性夸大了模块的范围却没有找到强有力的证据来支撑，也很难解释模块问题。因此合理的立场就是中间立场。不过后福多式模块化不是空洞的，模块化为概念工具提供了解决各种类型争论的方法。例如，我们可以通过对特殊化的研究架，告知实证研究。模块化的进化研究还增加了一种额外的成分，高度限制了空间模块是功能模块（两者之间是似是而非的）的假设——他们必须对人类祖先繁衍成功有利。而且按照模块化，框架问题将帮助进化心理研究者解决在功能特殊机制的争论。

第四节　联结主义范式下的基因天赋理论

联结主义的代表人物有鲁梅尔哈特（D. Rumelhart）和麦克莱兰（J. McClelland）等人。他们在对符号处理器深感失望后，着手研制能处理单词的"相互作用激励器"模型，进而提出了平行分布式处理的观念。他们要建构接近真实人脑结构的模型，使其产生真正接近人类的智能。联结主义的范式就是认为一切人类活动完全可以归结于大脑神经元的活动，从内在的角度去审视大脑是如何产生并记录认知的。人工神经网络就是一种应用类似于大脑神经突触连接的结构进行信息处理的数学模型，由大量的神经元相互连接而成。人工神经网络是以生物脑结构和功能为模拟对象而建构出的模拟人脑加工过程、表现脑的某些特性的一种计算结构。它不是大脑的真实反映，而是对它的某种抽象、简化和模拟。联结主义主要看思维如何从连接的各种模式中涌现的方式，任何一个心理事件都是由大脑多个部分整体决定的，不可能确定与某心理事件对应的具体的大脑部分。

斯莫伦斯基（P. Smolensky）对人工神经网络作了如下概括：

"联结主义模型是简单、并行的计算元件的巨大网络，这些元件的每一个都携带着数字激活值，而该值是它用某种更简单的数字计算从网络的其他相邻元件中计算出来的。网络元件或单元通过携带着权值强度或权数的联结相互影响各自的值。……在一典型的……模型中，对系统的输入是通过在网络的输入单元上增加激活值而实现的；这些权值表达了输入的某种编码或表征。对输入单元的激活与联结一同扩散，直至某组激活值出现在输出单元上；这些激活值编码在系统根据输入推算出来的输出中。在输出和输出单元之间，可能还有其他单元，常被称为隐藏的单元，它们不介入对输入和输出的表征。在把活动的输入模式输送到输出模式的过程中，网络所完成的计算依赖于联结强度的集合；这些权数通常被看作是对那个系统的知识的编码。在这个意义上，联结强度在普通计算机中起着程序的作用。联结主义方案的主要魅力在于：许多联结主义网络自我编制程序，即是说，它们有调节它们的权数的自动程序，因而最终能执行某种指定的计算。这种学习程序常常依赖于训练，正是在训练中，网络从它设定要计算的函数中得到了输入/输出的样本。在具有隐藏单元的学习网络中，该网络本身'决定了'那隐藏的单元将执行什么计算；因为这些单元既不表征输入，又不表征输出，它们从不被'告知'什么是它们应是的值，即使在训练期也是如此。"①

一 联结主义对天赋理论的发展

联结主义并不否定先天性，但对乔姆斯基等人的计算主义天赋理论进行发展，强调学习的重要性。在《天赋理论再思考——从联结主义的角度看发展》一书中，伊丽莎白·贝茨、杰弗里·埃尔曼等人提出了基因与环境的相互作用。他们反对乔姆斯基、平克以及伊丽莎白·斯皮克等人的强先天论。比如平克认为孩子一出生就有先天的语法结构，而且是通过基因编码的。埃尔曼等人认为语法规则包含特定信

---

① P. Smolensky, "On the Proper Treatment of Connectionism", *Behavioral and Brain Science*, No. 11, 1998；另可参见高新民等编《心灵哲学》，商务印书馆 2003 年版，第 1052页。

息（命题信息）只可能被预先设定皮层中的神经元之间的砝码进行编码。但是大量的事实证明，例如大脑的可塑性（大脑可以在发展过程中改变其反应特性），信息并不是以这种方式硬连接的。他们认为基因有可能通过决定系统的"建筑上的限制"来影响大脑发育。通过建立一个系统物理结构，他们认为基因实际上通过决定系统所用学习算法来响应环境，系统的具体命题信息由系统对环境刺激的结果所决定。

埃尔曼等人认为天赋在心理机制上和在内容上是有区别的，因为对于高水平的认知行为来说，大多数领域特殊性结果很可能是由领域独立的装置所获得。先天性可以分为三个层次：表征上的层次、结构上的层次和发展速度上的层次。首先，对先天性的规定最强的是表征上的，即在神经水平上依据直接限制表达在皮层节点的细密纹理模式上。这是唯一能够实现具体的语法、物理以及心智等复杂知识是先天规定的神经机制。关于信念等的表征是天生的，不是发展过程中构建的。先天的结构产生了关于输入的强制性表征，概念的发展在遗传上是被决定了的。先天的原则制约输入的加工，决定以后学习的性质。然而最近几十年脑科学发展的结果告诉我们：皮层水平上突触连接的先天说明是不可能的。因此，表征天赋论是有争议的。那么为了解释为什么老鼠不可能发展成人，而人也不可能发展成为老鼠，我们需要借助于神经网络。

其次，在结构上，我们可以进一步分三个次级。一是单元层次结构限制，即要与某区域单个元素的物理结构和计算属性相一致，包括神经元类型、它们相关的密度、各种神经传导物质、抑制—促进能力等。二是局部结构层次限制，即要与连通性模式一致，其规定了区域的类型、层次的普遍特性以及区域的连通性。最后是整体层次结构限制，即既要与大脑区域之间相互联系的路径相一致，也要与大脑和身体之间输入输出路径相一致。最后是发展速度上，个体的突发变化是由微小的变化引起的。时间是发展变化中最强有力的心理机制。

对心理机制的分类是与心理内容无关的，先天机制必须和领域特殊性区别开来。我们是否有涉及特殊内容的先天心理机制？比如语言、音乐、心智等。独特的人类行为在人类大脑进化中起到了关键作用。但这并不意味着我们可以直接从特异的内容到特异的心理机制的飞跃。我们所认为的行为特异性在不同的层次上内容不一样。只有建立联结主义模型才能算出我们内容的特异性。

行为和机制之间是非线性的，可能很小的变化会产生巨大的影响，也可能一个简单事件由诸多潜在因子所构成。而知识最终指向的是大脑中突触连接的特殊模式，在这个严格意义上，并不存在先天的高级知识。当斯皮克说知识是先天的时候，我们必须首先弄清楚她所说的知识指的是什么。知识是行为的表征，表征是指既可在大脑中也可以在神经网络中实现。发展过程本身就处在知识获得的中心，没有通过发展的路径，某些复杂行为就无法获得。①

根据联结主义对自然智能的解剖分析，一动力系统之所以成为认知系统，根本的条件就是"它包含有大量的目的条件"。② 认知能力的大小完全是由目的条件的多少决定的。这一看法与康德的先验哲学有一致之处。根据后者的看法，人之所以有感性和知性的认识能力，是因为其内有时空和范畴之类的先天认知条件；人之所以对事物有审美判断，是因为其有"合目的性"这样的条件。斯莫伦斯基还用例子说明了这一点。例如因为认知系统有预测性目的，因此在出现相关的环境状态时，它便能产生相应的表征，进而作出相应的正确的预言。③ 他说："亚符号系统之所以能产生关于环境的真实表征，是因为它从环境中抽取了信息，并经过学习程序，内在地将它编码在它的

---

① L. Jeffery Elman and A. Elizabeth S., Mark H. Johnson, "Annette Karniloff-Smith, Domenico Parisi", In: Kim Plunkett, *Rethinking Innateness: A connectionist perspective on development. Cambridge*, The MIT Press, 1996, p. 359.

② P. Smolensky, "On the Proper Treatment of Connectionism", In C. and G. Macdonald (eds.), *Connectionism*, Oxford: Blackwell, 1995, p. 62.

③ Ibid., p. 64.

权重之中。"① 目的性是认知系统的必要条件，是认知能力的标志。因此要模拟认知能力，必须弄清真实的认知系统及其能力有哪些标志或必要条件。这既是认知科学、人工智能研究的目标和方向，又是检验所设想、构造的人工认知系统是否有认知能力的标准。

在所有灵长类动物中，人类的成熟期最长。这不仅有利于充分发展有机体，而且发展是从最小的单位基因发展到能有复杂行为个体的最好解释。这是对人工智能伸缩问题的自然的解答。联结主义提供了概念和计算工具的同时，还对大脑发育神经元和神经网络建模。

学习是人工神经网络的关键因素。怎样让网络有学习能力呢？联结主义者认为，让网络有学习能力，不过是让它对网络连接权值作出调整。在生物中，学习就是根据外来的刺激形成新的突触联系或改变突触联系。在人工神经网络中，学习就是通过训练，通过接受刺激，不断改变网络的连接权值和拓扑结构，以使网络的输出不断接近期望输出。美国心理学家赫布提出的关于神经元学习的猜想较好地说明了这一点。他说：若神经元 A 的轴突距离神经元 B 足够近，并反复或持续地激发 B，那么它们里面将出现某种生长过程或代谢变化，以致神经元 A 激发神经元 B 的效率得以提高。② 其意思是说：前突触和后突触放电会导致突触修饰，这也就是说：突触是柔性的、可塑的，亦即可修饰的，突触前神经元 A 与后神经元 B 的联系效率是可以改变和调节的。这是一种微观状态。当它们发生时，就有相应的宏观状态，如记忆和学习发生。后来大量的实验研究成果对它作了较充分的实验验证。也有新的补充，如发现：突触可塑性对于时间有敏感性，另外，突触中，除了存在着激发机制之外，还有抑制机制，正相关的突触后放电将引起突触联系增强，负相关的突触后放电将引起突触联

---

① P. Smolensky, "On the Proper Treatment of Connectionism", In C. and G. Macdonald (eds.), *Connectionism*, Oxford: Blackwell, 1995, p. 66.

② D. O. Hebb, *The Organization of Behavior: A Neurophysiological Theory*, New York: Wiley, 1949.

系减弱。

二 基因决定论

什么是基因？威廉斯给基因的定义是：染色体物质的任何一部分，它能够作为一个自然选择的单位连续若干代起作用，基因就是进行高度精确复制的复制基因。一个具体的 DNA 分子生命是短暂的不会超过人的寿命，但是在理论上 DNA 分子可以以拷贝的形式生存一亿年。DNA 分子是由两条核苷酸链组成，两条链相互交织，存现"不朽的螺旋圈"。DNA 分子不仅具有复制功能，而且督促蛋白质的产生。基因控制了人体的制造，而后天获得的特性是不能遗传的，新的一代似乎都是从零开始。[①]

基因控制胚胎发育足以证明其在生物进化过程中的作用，但是并不是那么简单。基因之间相互配合以及环境相互作用也至关重要，任何一个因素都不能说成是物种发展的唯一要素。基因预先赋予生命一种学习能力来预测未来。动物的行为还在基因的控制之下，脑子只是执行者而非决策者。但是随着人类大脑的高度发达，进化最后产生了意识，人也从基因主宰中解脱出来成为自己的决策者。[②]

发展生物学中激进的天赋论者主张基因决定论。比如语言学家平克和认知神经科学家斯坦尼斯·德阿纳认为存在语言基因和数字基因，正是这些基因使得婴儿会说话会数数。发展心理学家伊丽莎白·斯皮克主张婴幼儿天生就有感知物体、人类以及方位等的能力。我们的思维功能来源于大脑结构，发展生物学的研究实例表明在出生之前大脑的结构已经决定了我们的思维。

但是我们的大脑结构又是从何而来呢？基因组能够构建思维或者大脑吗？这个一直是争论的问题所在。反对者认为基因的数量与基因

---

① 参见理查德·道金斯《自私的基因》，卢允中等译，中信出版社 2012 年版，第三章。

② 同上书，第四章。

组相比过于庞大，在新生儿的头脑中有 1000 亿神经细胞，在成人基因组中只有 30000 基因。不可能单一基因对应所有基因组。也有反对者认为基因组的精确性无法说明人类大脑发展的灵活性。更有甚者认为大脑本身可以重组，大脑细胞有时会被转化成视觉细胞。因此，天赋理论就难以置信。埃尔曼、贝茨、约翰逊、卡米洛夫 - 史密斯、帕里斯和普朗克特等人就以此反对典型天赋理论，认为有机体发展必须有大量经验的输入。[①] 对基因决定论，很多哲学家认为太过随意的讨论所谓行为的基因，而没有看到基因在最开始影响行为时的不确定性和复杂性。比如哲学家肯·萨夫纳认为，基因应该与其他原因居于同等地位，其意义取决于具体情境，心理是在发展过程中突现出来的。动物学家玛丽·珍·维斯特 - 埃伯哈特指出遗传程序是灵活的，不同的基因有可能达到相同的结果；在生物群中每个基因都有非常多的不同版本，它们构建有机体的时候并非是直接进行。

可最近研究表明环境经验对于大脑结构并非必要。比如猴子在黑暗的子宫中发展对圆柱形的视觉独特优势，而雪貂在其视网膜被移除后仍然发展正常的视觉优势。这些实验例子都说明没有环境刺激的输入下，视觉大脑结构照样发展。同时舒惠迪（Huidy Shu）和克里斯曼（Jim Clemens）在对果蝇基因数据库搜索 Dscam 基因时，发现存在可供的外显子多达 95 个，也就是说一个基因可以产生出数以千计的蛋白质。这样人类基因组的 3 万个基因就可以产生数百万个不同的蛋白就足以说明人性的多变的组合能力了。

基因表达和基因信号传导是胚胎的自我发展阶段最基本的机制。基因表达是指把储存在 DNA 顺序中的遗传信息通过转录和翻译的方式转变成具有生物活性的蛋白质分子。生物体内各种功能蛋白质都同相应的结构基因编码。基因信号传导是通信系统里最最复杂体系的一

① P. Carruthers, S. Laurence and S. Stich；*The Innate Mind*：*Structure and Contents*，New York：Oxford University Press, 2005, p. 24.

部分，负责管理基础细胞活动协调细胞行动。细胞能感知并对周围微环境正确反应的能力是发展、组织修复、免疫和正常组织的动态平衡的基础。证据表明发展的整个系统已经从身体保存到大脑。同时实验的确证既证实了生物系统的复杂性和可塑性，也说明了是基因在允许可塑性和学习，环境也是通过打开和关闭基因的方式影响发展。

问题是基因真的能产生大脑或思维的根本组织吗？它又是如何构建如此复杂的结构呢？遗传学神经网络也许能找到答案。人工神经网络实际上是一种运算模型，有大量的神经元及其相互连接所构成，每两个节点间的连接都代表通过该连接的权重。目前大多数神经网络模型包含两种观点，一是连接是建立在经验学习基础之上的；二是认为连接只是简单地被程序员所规定。传统神经网络基本不涉及天赋问题，因为没有涉及原初的结构问题。但是原始连接的形成过程，以及连接本身的发展依赖于遗传基因组的发展没有考虑进去，使得我们难以了解天赋的内在机制。

赫梅尔与毕德曼提出了一个详尽的高人工智能的视觉网络模型，这一模型充满信息的封闭性，与先天基础有关。这一结构可能成为先天学习的一个实例。问题是这一系统的先天部分如何出现的呢？首先，建立一个神经遗传模拟程序，即将基因组作为其输入、生产作为其输出的神经网络系统。这个系统包含了所有传统神经网络系统所考察的要素，同时考察基因协调和编码。这样就可以考察并论证天赋理论。

对于神经细胞再生时可以选择性地与细胞相连接，斯佩里在1963年提出了化学亲和性假说。即神经元在早期发育中已形成有特征性的化学标记物。通过对标记物的相互识别，神经元与神经元之间的特定形式的连接才得以形成。

三　来自神经科学的论据

美国神经生物科学家罗杰·斯佩里颠覆了神经科学中的一种主流

思想：大脑是由未分化的、随机的神经元网络出发，是被学习和经验创造出来的。他通过重新连线大鼠和青蛙的大脑，证明动物的心智存在界限：一只大鼠的右脚连接到左脚的神经，那么在刺激其右脚神经时继续移动其左脚。因此，他假定每个神经元都对它的目的地有一种化学亲和力，大脑由大量可变的识别分子所建构。这就是神经系统的决定论。当然这一假设很快遭到另一批神经科学家们的反对，他们通过观察发现人类以及所有的灵长类都可以在应对新环境时产生出新的神经元。这是对极端先天论的一种否定，但不可否认基因的调控。

生物医学构象技术特别是近年功能磁共振成像可以用于对于人类认知活动的研究；脑事件相关电位、脑磁图和高分辨脑成像等生理学方法，可以为人脑认知功能研究提供许多新的数据；分子神经生物学和细胞神经科学，为人脑认知障碍和动物认知行为提供脑内机制的许多科学数据，包括动物的学习障碍和某些基因序列的关系。

神经病学家和心理学家们终于采用双分离方法学原则，发现了人脑功能模块性或多重功能系统，主要突破表现在多重记忆模块和复杂的认知功能系统。神经生理学家在猴等动物的实验研究中，也积累了大量科学事实，证明视觉功能存在着背、腹侧系统，至少是枕、顶、颞、额的 30 多个脑皮层区动态活动。目前，物体真实运动和似动知觉之间、幻觉和真实知觉之间、外界引起和主动性选择注意之间的脑功能模块的异同是引起普遍关注的研究课题。

认知科学理论发展的历程，经历了三个不同的阶段，出现了四种大的理论体系：物理符号论、联结理论、模块理论和生态现实理论。这四个理论分别与认知神经科学中的检测器与功能柱理论、群编码理论、多功能系统理论和基于环境的脑认知功能理论相对应。认知神经科学的这些理论，有些可以分别用于分析不同层次机制中，它们之间并无根本对立或排他性。

神经生物学研究发现，不仅学习中刺激呈现时间，而且学习之间的间隔期也制约着学习效果和稳定长时记忆的形成，其原因在于从学习到记忆，必须有脑内记忆相关的基因调节蛋白的激活和基因表达。行为水平上所需的时间恰好与基因调节蛋白激活所需时间巧合。介于行为科学和分子水平研究之间的细胞学研究表明，脑的个体发育中，突触形成需要一定的神经化学环境，包括神经递质和神经生长因子。因此，作为学习记忆神经生物学基础而言，突触可塑性的研究，已成为近年相关脑科学所关注的研究课题，寻求脑发育和不同认知功能发展的关键期和可塑性是当代心理学与生理学共同热衷研究的领域。海马三突触体回路为先导的离体脑片实验标本，随后膜片钳技术所要求的离体细胞培养和脑片标本，乃至海兔、果蝇等实验模型，都极大地推动了学习记忆的分子生物学基础研究。

随着 21 世纪社会经济和科学技术的高度发展，对每个公民而言，哪个领域能够最好地发挥自己的聪明才智，是其面临的重大抉择；对教育而言，虽然因材施教是理想的原则，但怎样评定教育对象的心理素质和才气，至今仍是教育家们的经验之谈，缺乏系统的科学基础。虽然在认知心理学诞生之前，一些学者曾试图寻求脑高级功能的个体差异，如巴甫洛夫的高级神经活动类型和艾森克的人格维度理论；但都缺乏对人类心理过程深层机制进行系统实验研究的科学基础。

认知心理学对人类信息加工过程进行精细的实验研究，概括出许多心理过程的基本特性，提供了理解心理过程个体差异的科学基础。外显的意识过程和内隐的无意识心理过程的特性，控制加式与自动加工过程的特性及其相互转化的规律，心理容量分配的基本特性和规律，复杂心理过程的时序性和决策水平的特性等，这些心理过程的深层机制，不但可以进行实验操作的客观研究，而且还可找到与之并存的许多相应脑功能参数，如脑细胞或不同脑区神经信息处理和能量代谢水平的差异，同一心理过程脑激活区大小、多少和激活水平的差异等。将认知心理学和神经科学的当代新成果用于人脑认知功能的个体差异研究，已具备了较好的科学基础。因此，21 世纪将个体差异的心理学研究纳入认知神经科学轨道，将会出现突破性发展。

认知神经科学的最新研究表明动物出生时即有的映射。新生大鼠是怎么找到路的？这很简单，两个团队给出了答案，对空间的勾画似乎并不需任何经验即可存在，他们报告了这一现象的一些基本要素。研究者们记录了新生大鼠第一次探索未知世界时脑内三种神经元的活动情况。汤姆·威尔斯（Tom Wills）、弗朗西丝卡·卡库斯（Francesca Cacucci）和他们在伦敦大学学院的同事报告了头部方向神经元，这种神经元会因动物头的朝向不同而特定性地被激活，当幼兽第一次离开窝去探险时，这种能力已得到充分发展。而负责进行空间定位的空间细胞的基本特性此时也已具备。相反，第三种负责空间方向的细胞——网格细胞——在晚一些的时候依然没被激活。来自位于特隆赫姆的挪威科技大学的爱德华·莫泽（Edvard Moser）非常同意这一观点，但他认为当幼兽第一次探险时网格细胞的原始功能已经具备。这两项研究均指出动物刚出生时可能已具备空间认知能力。①

认知发展中讨论最激烈的是有关婴幼儿知晓外部世界什么。发展心理学家通过有力的实验论证甚至一个月的婴儿都有大量的有关物体在数学和物理方面的"先天知识"。这一研究表明婴幼儿有对这一事实的预期，即物体必须按照时空的延续性通过空间；如果物体没有支撑就会掉下来；1＋1＝2等其他简单的数学事实；物体不能穿过物体；物体间相互作用必须遵循一定的因果规律等。斯皮克就是研究者中强天赋论的代表，她强调"核心知识"的概念。

20世纪80年代，美国加州大学旧金山分校的神经心理学家本杰明·里贝特在《脑》杂志上的一篇论文中的实验结果让整个科学界和哲学界哗然。实验过程是这样的：里贝特将研究志愿者与脑电图（EEG）连接在一起，用脑电记录装置监控他们的脑电活动，然后给他们下达指令：无论何时，只要起念头，就动动你的手指。里贝特记

---

① 参见 http://www.nature.com/nature/journal/v465/n7301/full/465989d.html，Cognitive neuroscience：Mapped from birth。

录到人们在表现出有意识地移动手指意图前数百毫秒的脑电互动。当志愿者"意识到自己要动手指"时，大脑早已发出动手指的指令。也就是说，先是出现"相关脑区活动，运动皮层发出指令"这个事件，过了大约 300 毫秒以后，才出现"意识决定要动"，接着又过了200 毫秒左右，"手指动"了。如图 5 – 3 所示：

无意识活动——→有意识决断——→选择是否行动——→行动

图 5 – 3　里贝特的实验

当然，里贝特的这一实验结果受到了很大的非议。因为这一结论所揭示的人类自身运动本身是没有自由意志可言的，意识仅有叫停行动的权利。许多科学家根本就不相信里贝特的结果。然而，随着类似实验的重复，结论越来越明晰，里贝特现象的确存在。最近，神经科学家研究这一现象所用的技术更加先进，也就是功能磁共振成像（fMRI）与植入电极。约翰 – 迪伦·海恩斯（John-Dylan Haynes）是柏林计算神经科学伯恩斯坦中心的一名神经学家。他在 2008 年的一项研究显示出了一种与里贝特的发现相类似的效应。将参与者送进fMRI 扫描仪后，海恩斯让他们在随便什么时候用左手或右手食指按下一个按钮，但是，他们必须记住自己打算做这个动作的那一刻显示在屏幕上的字母。实验结果令人震惊。海恩斯的数据显示，被试者出现意识知觉前整整一秒 BP 就会出现，而在其他时候这一时差会多达10 秒。海恩斯指出，认知延迟可能是由于高级控制区域的网络运行造成的，在进入意识知觉状态前，这些区域就得把即将作出的决策预备好。从根本上说，大脑首先开始无意识运转以酝酿出一个决策，一旦全套条件成熟，意识就参与进来，然后才产生运动。这是对里贝特早期实验的现代化改良，结论是一致的，只是在时间间隔上进行了修正。

面对质疑，海恩斯对他自己的解释不做辩解，并开始在两个研究项目中重复并改良他的实验结果。一个研究项目采用了更为精确的扫描技术来确认在此前实验中所提示的大脑区域作用。在已发表的另一研究项目中，海恩斯和他的团队要求受试者将显示在屏幕上的序列增加或减少两个数字。决定增加还是减少体现了比按下按钮更加复杂的心灵意图，海恩斯声称这是一个更加贴近每日思维决策的仿真模型。海恩斯说，即使在这个更加抽象的任务中，研究人员探测到受试者意识到做决策前的脑电活动长达四秒钟。

　　当然相关类似的实验还有很多，几乎结论都是一样的。也就是说认为大脑下意识活动性要早于有意识的行为决定。此类实验已经改变了我们对于意识和潜意识思维之间关系的观点，认定后者具有主导责任。把意识想作一个聚光灯，而潜意识来控制何时开灯，光束照到哪里。"有意识的心灵并不自由"，海恩斯说。我们所谓的"自由意志"实际上出现在潜意识中。这些实验结果无疑是对天赋理论的再次证明。

四　来自知识科学的论据

　　20 世纪六七十年代，计算机在处理知识的人类智能活动方面作用显著。在这一背景下，美国斯坦福大学 Feigenbaum 教授于 1977 年首次提出了"知识工程"这一概念。知识工程就是探索知识的表示、获取、保存、交换、运用的理论及实现技术，因此它将心理学、认知科学等有关思维的理论加以借鉴，同时和人工智能、语言学以及逻辑学等诸学科紧密相连。尽管知识工程在过去的几十年里发展迅速，成果傲人，但是只是一门实验性的科学。在知识处理上有大量的理论性问题没有得到解决。因此又有学者将知识工程的概念上升为知识科学。知识科学要做的事情就是回答知识工程中遇到但是没有很好解决的一系列重大理论问题。

　　虽然知识科学的发展很快，但是到目前为止都没有一个确切的统一的定义。就如同知识的概念本身的多角度定义一样，知识科学也可以从不同的学科领域来理解。其一，从社会科学领域来看，知识科学的关注点就是知识经济与管理、知识创造与组织等。其二，从信息科学领域来看，主要研究人的知识如何为计算机所获取、贮存、加工和传递等。其三，从自然科学领域来看，主要研究各种自然科学的发展和体系化以及从生物角度研究脑科学、思维科学及学习理论。其四，从系统科学领域来看，主要提出了知识系统工程以及复杂科学研究知识系统。① 在知识经济信息爆炸的今天，知识科学的学习研究无疑具有重大理论和现实意义。

机器学习是人工智能的核心，而神经网络作为机器学习的一门重要技术发展迅猛。第三代神经网络最新研究结果表明：和人类许多认知能力相关的大脑皮层，并不显示预处理感知信号，而是让它们通过一个复杂的模块层次结构，之后就可以根据观察结果呈现的规律来表达它们。根据这一发现，科学家们发展了深机器学习（Deep Machine Learning，DML）。如图 5 – 4 所示：

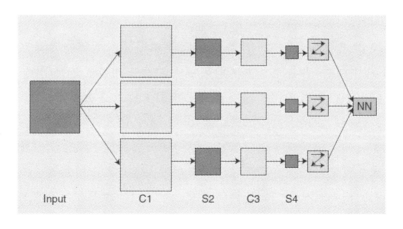

图 5 – 4　机器学习

① 顾基发、唐锡晋：《综合集成与知识科学》，《系统工程理论与实践》2002 年第 10 期，第 2—3 页。

人工智能能否将完全模拟人类呢？基于符号处理机制的智能计算机对创造性等深层智能的模拟遇到了瓶颈，使得人们不得不从认知理论等多学科领域寻找突破口。例如，人工智能学者 Simon 提出以直觉、顿悟和灵感为核心的"3I 智能"研究。就是对照认知理论和模型，对现有的人工智能进行分析，并找出其差距和局限性。自 20 世纪 50 年代认知科学的兴起，人们对认知活动的信息加工机制进行了一系列的探索。不仅证明了形象思维的存在，还认为人脑中绝大部分信息是形象信息。由于形象思维本身具有动态性和不唯一性，使得其模拟要比符号计算模拟复杂得多。因此需要从三个方面寻找突破口。一是形象思维本身的内部机制、形象信息的表达等心理和生理机制的研究；二是将形象信息表达处理等落实到计算机平台进行计算模拟；三是将以上两种理论成果应用于现实技术，如形象知识的表达和推理技术等。

通过知识科学的研究内容以及研究趋势，不难看出其本身就是以天赋理论为前提和基础。而知识科学的研究成果也必将成为天赋理论最好的论证。

五　联结主义的难题

联结主义由于模拟的不只是自然智能的形式方面和功能、映射关系，而是实际产生出了智能的人脑结构，因此的确有许多优越之处，也确有更美好的前景。苏塞克斯大学认知科学家克拉克不无得意地说：它给认知科学带来了不可思议的好处。但是机制能否产生心智？计算机是否有心智？皮层间的精细性促进了原始语言飞跃到真正语言。为什么只有人类才有更复杂的思维能力，而其他动物却不能像漫画里面的那样就有人的智慧。高智商需要一种可以跨越的东西，智力是一件很危险的事情，本身必然伴随着他的负面。①

---

① 威廉·卡尔文：《大脑如何思维：智力演化的今夕》，杨雄里、梁培基译，上海科技出版社 2007 年版，第七章。

　　想要达到真正的人类智能，首先必须了解什么是人类智能，即人脑是如何思维的。现在的问题是计算机的运行原理和大脑不一样，如何才能使电脑拥有智能呢？大脑的神经网络系统也只是大脑运行的某个方面，无法构造出真智能机器。有些人鉴于已有的人工智能研究包括联结主义纲领没有真正弄清人类智能的实质、特点和实现机制及条件，因而陷入了悲观主义。弗里德曼说："传统的人工智能研究，即希望开发出能够以高度有序、按部就班的方式进行思考的电脑系统，已经在几乎所有曾经看来大有可为的领域止步不前，这些领域包括物体识别、机器人控制、数理研究、理解故事、听懂演说以及其他许多涉及机器智能的方面。在近四十年光景里，人工智能领域并没有什么实质性的突破。"①

　　联结主义认为他们的网络体现了人的智能的特点。比如塞吉诺斯基（T. Sejnowski）和罗森堡（C. Rosenberg）两人设计的网络发音器NETtalk。他们为它安排的任务是将书写的英文符号转化为语音，即让它看了以后再念出来。输入的英文在拼写上不规则，因而念起来有难度。输入是通过特殊的方式给予网络的，如一个字母接一个字母，而输出则是与口头发音相对应的一串符号。为了使模拟逼真，设计者还将网络与数字发音合成器耦合，后者能将网络的输出转化为发音，以致能给人以机器在朗读的感觉。该网络有一定的学习能力，开始要接受一些训练。经过训练，它所读的单词由开始不标准或有错误，到后来就比较清楚，甚至读的声音很像小孩的说话。对这一网络，设计者自己的概括是：NETtalk 是一个演示，是学习的许多方面的缩影。首先，网络在开始时具有一些合理的"先天"的知识。其次，网络通过学习获得了它的能力，其间经历了几个不同的训练阶段，并达到了一个显著的水平。最后，信息分布在网络之中，因而没有一个单元或

① 戴维·弗里德曼：《制脑者》，张陌、王芳博译，生活·读书·新知三联书店2001年版，第29页。

连接是必不可少的。作为结果，网络具有容错能力。①

联结主义网络是为了解决之前符号系统无表征能力、无意向性这个问题而设计的，不过它本身有无意向性呢？对于这一问题的回答千差万别，也产生了不同的认识。其中比较极端的人认为联结主义网络根本就没有意向性，因为在联结主义系统中，如果状态的实际特征中没有任何支撑我们意向属性的东西，那么就没有理由说联结主义系统有认知状态的这一基本特征。联结主义不以为然，认为一种联结主义系统并不依赖于作为它的加工单元的内在表征。为了实现其认知操作，它不需要表征它的环境的所有，完全能以适当的方式对环境的那些特征作出反应，所以联结主义系统的活动真的能"关于"环境中的事物，享有意向性。当然，对这种系统中的意向性作出解释的潜力还需要进一步探讨。②

另外，尽管联结主义者自称他们的网络能模拟人的概括能力，其实并非如此。因为人之所以有概括能力，在于它能根据语境以适当方式进行概括，更重要的是，人是整体性的，如有目的性，能从当前环境中获得目标和动力。而这些都是当前的联结主义模型做不到的，充其量，它的概括只能按照设计者的命令进行，只能按预先规定的东西作出响应，它自己并不能主动地去做什么，不能根据语境作出灵活的应变。而这些又都是根源于它还没有人类那样的本原性的意向性。那么联结主义能解决意向性难题吗？他们所构造的网络既然号称是人类智能的较真实的模型，那么它们是否表现出了语义性、意向性呢？如果没有表现，又有何理由把它们看作是真实的模型呢？韩力群说："尽管神经网络的研究与应用已经取得了巨大的成功，但是在网络的开发设计方面至少还没有一套完善的理论作为指导。"其应用也不是

① 转引自克里克《惊人的假说》，汪云九等译，湖南科技出版社1998年版，第198—199页。
② 贝希特尔：《联结主义与心灵哲学概论》，载高新民、储昭华主编《心灵哲学》，商务印书馆2002年版，第1105—1107页。

那么容易。"许多人原以为只要掌握了几种神经网络的结构和算法，就能直接应用了，但真正用神经网络解决问题时才发现：应用原来不是那么简单。"①

　　总之，认知神经科学以及认知行为遗传学是从神经科学的角度去探讨认知以及智能行为的发展，从而揭示智能的本质和意识的起源问题。由此可见，天赋问题的最终解决依赖于现代科学的进一步发展。

---

① 韩力群：《人工神网络教程》，北京邮电大学出版社 2006 年版，第 68 页。

第六章

目的论视野下的进化天赋理论

功能主义就是用功能属性来说明心理属性，用功能状态来解释心理状态。那么什么是功能呢？功能主义认为功能就是一种关系属性，一种抽象属性，可以用作用、软件和程序来理解。目的论功能主义就是从生物学、目的论上理解功能。接下来的问题是，目的论所说的目的是什么呢？对目的的不同回答就得出不同的目的论。将目的理解为人的意图、目的、愿望等就是动源目的论；以为有造物的存在，所有的宇宙万物都有目的就是神学目的论；如果否认有造物的存在，但认为万事万物都有目的，就是拟人论目的论；用自然选择来解释生物现实存在以及其功能的就是"新目的论"。博格丹（R. Bogdan）认为所谓终极（ultimate）解释是根据较远甚至终极的理由所作的解释，它"所诉诸的是进化塑造者，正是这塑造者造就了近端原因（功能机制及其程序）。这一解释的方向是：从进化塑造者（遗传变异、自然选择、目的导向）出发，再进到被完成的任务或工作，最后再到执行那些任务的程序以及在具体的近端配列因素中控制程序的功能机制"。①

---

① R. J. Bogdan, *Grounds for Cognition*, New Jersey: Lawrence Erbaum Associates Inc. Publishers, 1994, p. 2.

第一节　新目的论的内涵与特点

古典目的论在近代成为自然科学所唾弃的一种理论，被贴上唯心主义的标签，同时不容于科学和哲学。尽管目的论没有完全消失，但在科学及哲学解释中已无一席之地。随着目的论解释在当代生物学中的复兴以及当代科学哲学解释的自然化走向，目的论再次出现在人们的视野中，并成为当代科学解释中具有竞争力的解释模式。威姆斯特（W. Wimsatt）说："我要论证的是，功能语言在生物学中是不可排除的。"[①]"我的分析不是要排除，而是要证明目的论话语是合理的……在选择主义理论语境中，我的观点是，目的是不可排除的理论构架。"[②]在哲学界，一般将当代生物学转向的目的论称为"新目的论"以示与古典目的论相区别。

新目的论的目的与以往的目的论所指的目的存在根本上的差异。传统目的论把目的看作是主体"意图所指向"的目标，是一种纯精神性的原因。新目的论的目的是指事先编程好的，有机体维持自身生存再生的倾向性，是正在活动的事物追寻和即将实现的结果状态。因此，它既不是实体本身但又依赖于物质实体。新目的论者强调：心理现象并不比心脏、汽化器神秘到哪里，只要弄清它是怎样进化出来的或是怎样被设计的、有什么目的论上的原因，就可真正揭示其奥秘与本质。具体而言，新目的论有如下特点。

一是从目的的来源来看，目的不是从来就有的，是进化自然选择的结果。也就是说自然选择能使生物在多种特质功能中选择成为专门目的，目的是由进化和自然选择产生出来，并延续。博格丹认为，目的是有机体固有的特征，两者是一同被产生的，不可能先有生命而后

---

① Wimsatt, W., *Functional Organization, Analogy, and Inference*, p. 172.
② Ibid. , p. 173.

有目的。他说："有机体就是这样的事物，即幸运地进化出了这样的内在结构和过程，它们能可靠地分辨有利的事态，并让行为指向它们。我称这样的结构和过程为目的—手段结构与过程。"① 没有目的性，当然不是生物，有目的而没有相应的手段，也不是生物。因此，目的与手段是有机体内在的形式结构，而用相应的手段去满足目的又表现为它的生命过程。

那么，最初的有机体是如何产生的？在新目的论者看来，生命进化发生之前经历了漫长的甚至无限的前生物进化过程，正是由于存在着前—进化，才导致了有机体及其目的指向性的诞生。也就是说，当前—进化发展到这样的阶段，即产生了这样的物理系统，它一方面表现出了维持和复制内在结构的倾向，另一方面又在原有的作为手段的物理和化学运动的基础上，派生出了功能性地行事的方式，前—进化就借前—自然选择之手创造了一种新的存在形式，即有目的—手段结构与过程的有机体。最简单的生命和目的产生之后，进化和选择不但没有停止，反倒以更快的速度和更高的质量向前发展。因为"一当目的指向性出现之后，进化就有了生物进化的形式，就开始玩新的自然选择的游戏"。② 什么是新的自然选择？之所以是新的，主要是因为参与自然选择这一合力系统的因素、促使它作为一种客观的抉择力量而起作用的因素发生了质的变化。

这种解释所付诸的对象是自然的东西，带有唯物论的色彩，没有唯心论神学的意味。正如博格丹所说："目的是这样的状态，它将一系统或它的部分放在做某事、经历某过程、执行某功能或运行某程序的位置。有机体是为了得到某种别的状态（如降低温度）而经历某

---

① R. J. Bogdan, *Grounds for Cognition*, New Jersey: Lawrence Erbaum Associates Inc. Publishers, 1994, p. 20.

② R. J. Bogdan, *Grounds for Cognition*, New Jersey: Lawrence Erbaum Associates Inc. Publishers, 1994, p. 22.

内在过程（如排汗）或做某事。"① 在博格丹看来，目的就是某种提前设计好了的状态，通过遗传来决定生物，然后再通过物理过程将目的表现出来。那么有目的的特征如何通过进化自然选择发展呢？一是变异，即物种中出现了新特征；二是遗传，通过遗传将新特征发展到下一代；三是适应性，即遗传的变异可以使物种更好地生存。由此可见，自然选择有其条件，即根据某一特征在因果历史中所表现的作用来作出选择。当然除了自然选择之外，新目的论还经常述及理智的选择、文化的选择、学习的选择甚至性的选择。所有这些选择形式都是推动目的性由低到高、由简单到复杂发展的动力和机制。

　　二是从目的的范围来看，目的是有指向的。既不是所有事物都有目的性，也不独指人类。新目的论不再解释整个世界，仅仅承认有机体的目的性。同时目的性也不是人类专有，有生命存在就有目的指向性。博格丹说："目的是被编程的、有待追寻和实现的东西。"② 在这里，根据程序来理解目的，既坚持了物理主义，又十分贴切。目的是这样的状态，它将一系统或它的部分放在做某事、经历某过程、执行某功能或运行某程序的位置。例如有机体是为了得到某种别的状态（如降低温度）而经历某内在过程（如排汗）或做某事的。新目的论将解释界定为生物体。例如基因也可以通过表现形式来体现其目的性，目的可以指向代谢、再生等，可以作为工具进化出来。由此可见，在生物体中存在先天的特质功能，最终产生目的性行为。即从输入到计划到内在过程再到行为最后至基本目的这一发展过程。基因的目的指向性又是怎样形成或起源的呢？要回答这一问题，一方面要分析基因的结构和种类，另一方面也要分析基因自身的历史发展。根据博格丹的理解，基因有 DNA、RNA 和其他因素。可以把 DNA 理解为编程构造，RNA 看作是执行构造，其他的功能性蛋白（RNA 从 DNA

---

① R. J. Bogdan, *Grounds for Cognition*, New Jersey: Lawrence Erbaum Associates Inc. Publishers, 1994, p. 37.

② Ibid. .

的指令中转录的）和蛋白输出（如组织、过程、行为等）也是这样的执行机构。另外，有两类基因，一是结构性的，二是调节性的。有机体之上可见的目的指向性就是由结构性、调节性基因加上转录控制的共同作用而形成的。换言之，目的指向机制的形成源自基因和转录层面上所开始的内在的过程复杂的功能相互作用，是基因与输入信号、转录蛋白相互作用的产物。其中，DNA 的作用最为重要，可以说就是"缔造者"或"成型机"。它发布指令来决定最初的原因起何种作用、何时起作用，甚至包括怎样被别的基因和内在复杂的过程所利用。正是由于这种程序指令对构型的作用，才导致了生物的因果目的指向性。

目的是由其内的基因和别的有转录控制作用的单元的相互作用而承载和实现的。正是因为目的有物理的实现，因此它才有对物理世界的具体的看得见的作用，进而才有可能对之作出统一的物理解释。博格丹说："目的指向性是世界上的一种自然现象。"[1] 说目的是一种自然现象，并不等于说什么事物都有目的性，因为在新目的论者看来，它是一种非常特殊的自然现象。其特殊性主要表现在，它有许多独特标志或目的论参数：第一，目的可能或现实地具有功能作用，如让有目的的存在处在某状态或采取某种行为，而这种功能不是抽象的，而是具体的。第二，它还有相应的发生功能作用的方式，典型的有三种，即专一的方式，渐进性或累积性的方式，交叉式的方式。第三，有相对的阶段性和终结性。由当前状态到达目标状态至少要经历一个以上的阶段，一当目标实现了，其过程也就终止了。第四，具体的手段具有可塑性和多样性。第五，有相应的控制作用和引导机制。第六，有目的所依赖的、起具体实施作用的硬结构。只有当一系统具有这些条件时，才会成为有目的性的事物；只有当一属性或特征符合这

---

[1] R. J. Bogdan, *Grounds for Cognition*, New Jersey: Lawrence Erbaum Associates Inc. Publishers, 1994, p. 35.

些条件时，才可看作是目的。

三是从目的的解释来看，与物理科学的因果性解释不同，是用结果来解释原因。简单地说就是"E 型环境中的 S 型系统具有 G 型目标，行为 B 之所以发生，因为它引起或趋于引起目标 G"①。目的论是如何解释系统的呢？实际上就是通过系统中的目的功能加以解释的。尽管物理主义和功能主义也是用功能来解释说明心理属性，但是对功能的理解要么是属性，要么是抽象功能，解释不力。新目的论的功能指的是有机体特有的一种属性，是有机体所做的事情，是进化所规定的。博格丹说："认知是一种具有自己的目的性语用学规则的独特游戏。某些任务如意愿、计划、问题解决等有内在的目的指向性，这就是它们的完成为什么不能仅用因果—功能术语解释的理由。"②所以物理解释根本没有涉及功能本身，只是理清了有机体的物理细节。就拿人脑来说，即使我们对人脑的构造及其物质细节都摸清楚了，仍然无法构造出一个具有人脑功能的"拟人脑"出来。有机体所表现出来的功能，是首先有某个特定的目的，然后通过物理过程表现出来。

新目的论不仅对功能做了生物学解释，对难解的意向性问题也提出了不同的看法。心理的反映无法用镜子之类的直观反映来理解，因为心理对意指的东西有明确的表征。那么心理的意向性究竟是怎么形成的呢？新目的论认为意向也是进化形成的，是由目的指向性派生出来并为之服务的。既然如此，意向性和目的性一样不是人所独有的特性，是所有生物体都具有的。如博格丹所说："大多数动物的心灵都有目的指向性，进而都有意向性。这就是说，它们的内在状态总是关联于目的和世界上的事态的。我说'进而'，是因为我认为，意向性之被进化出来，是服务于目的指向性的。这就是说，有机体的心理状

---

① 李建会：《目的论解释与生物学的结构》，《科学技术与辩证法》1996 年第 5 期。

② R. J. Bogdan, *Grounds for Cognition*, New Jersey：Lawrence Erbaum Associates Inc. Publishers，1994，p. 155.

态是关于世界上的事态的，因为后者要么是它的目的，要么指向它的目的。"① 米利肯等人甚至还认为心灵和身体既然都是进化的系统，那么就可能在内部找到其专门功能的系统及机制。例如信念功能促使我们的行动成功，这是个体进化过程中被设计如此的。

新目的论对心理内容的客观性做了肯定的回答。"横看成岭侧成峰，远近高低各不同"，这是以往人们对认识的看法。因为一般认为人的认知结构决定了人的认识结果，所以认识是相对的。新目的论却认为在目的基础之上的认知结构和自然选择基础上形成的认知条件是客观的，既然如此认知内容就一定有客观性，就像计算机程序使加工具有客观性一样。另外，对认知本身也认为是进化产生出来的，这样就成为解释认知的一个根本出发点。

新目的论很好地解释了以前进化论不好说明的问题：最初的有机体是如何产生的。他们认为生命进化发生之前经历了漫长的甚至无限的前生物进化过程，正是由于存在前—进化才导致有机体及其目的指向性的诞生。当最简单的生命产生之后，是进化和选择不断推动有机体向前发展。"一当目的指向性出现之后，进化就有了生物进化的形式，就开始玩新的自然选择的游戏。"② 除了自然选择之外，新目的论还经常述及理智的选择、文化的选择、学习的选择甚至性的选择。所有这些选择形式都是推动目的性由低到高、由简单到复杂发展的动力和机制。③

最后，目的范畴是全面说明一切心理现象、认知现象的基础。博格丹在《认知的基础》一书中指出："我们的目的论方案把目的指向性（good-directedness）当作目的导引作用（quidance to goal）的终极

---

① R. J. Bogdan, *Minding Mind*, Cambridge, MA：MIT Press, 2000, p. 104.
② R. J. Bogdan, *Grounds for Cognition*, New Jersey：Lawrence Erbaum Associates Inc. Publishers, 1994, p. 22.
③ 高新民：《意向性理论的当代发展》，中国社会科学出版社 2008 年版，第 295 页。

的进化理由，进而再把后者当作认知性心灵的终极的进化塑造者。"①
所谓目的指向性即是指有机体通过自然选择获得的而后又通过遗传固
定下来的对目的的服从、追寻的本性，其作用在于为有机体在"设
计"作业和实施行为时编制程序而提供一般的基础和条件；所谓目的
导引作用即指有机体在目的的引导下主动接近、指向被自然选择所确
定的对象（目的），这也可理解为目的之作用的具体表现。有这种作
用，有机体就会指向对象，并具体形成与对象的信息关系。② 正如博
格丹所说："以遗传为根基的目的指向性造就了认知，而其造就的力
量则来自目的的引导。目的指向性有助于揭示有机体与环境相互作用
的一般模式，而目的导引作用则有助于更具体地揭示有机体与环境之
间的全部信息转换所表现出的系统模式。"③ 认知的形成就是由上至
下，从目的指向性到目的导引性，最后到认知完成的一个过程。"有
机体为了实现它们的目的，一定会进化出识别和追踪这些目的的手
段。而目的导引性则限定了这种识别和跟踪所需的知识，为了得到这
种知识，有机体最终要利用有利于它们的信息关系模式。这些全面渗
透、反复出现的有用模式又规定了有机体的认知必须执行的信息任
务，以符合于必要的引导。进而，信息任务又会选择适当的认知程序
和功能机制。因此，基本的解释性顺序是从上到下，即从目的指向性
到目的引导性，到信息任务，再到认知程序和生态条件，最后到功能
机制。"④

　　这就是说人的认知也是由于自然选择进化而来的。同时人的认知
也在不断进化当中进一步发展。所以理解信息加工系统的次序应该
是：系统被选择的目的→面对的信息任务→完成任务的程序→运行程

---

① R. J. Bogdan, Grounds for Cognition, New Jersey. Lawrence Erbaum Associates Inc. Publishers, 1994, p. 3.

② 高新民：《意向性理论的当代发展》，中国社会科学出版社 2008 年版，第 314 页。

③ R. J. Bogdan, *Grounds for Cognition*, New Jersey: Lawrence Erbaum Associates Inc. Publishers, 1994, p. 48.

④ Ibid. .

序的结构和机制→认知任务的理解。

通过以上对新目的论的分析可以看出，其相比其他解释有更多的优点。一是对功能的目的论解释有助于解释心理的东西的被感知到的无缝隙性（seamlessness）和心理概念的相互连接性。二是通过把目的论要求加于功能实现的概念之上，我们可避免对于机器功能主义的标准的责难。三是目的论功能主义可帮助我们理解生物的和心理的规律和本质。四是如果目的论描述本身能用进化论术语来说明，那么我们心理状态的能力本身就可用最终的原因来说明。最后，目的论观点为对意向性的解释提供了条件。①

当然作为一种"新"目的论本身也是不完备的，遭到了来自目的论内部以及外部学者的拷问。就其内容本身而言就有一些明显的问题，比如讲目的解释力限定在生命世界之内，无法将它论证为终极性的解释项。另外，就目的与选择、进化、适应等关系问题上一直是进化生物学争论的焦点问题，而新目的论将进化和选择作为目的的形成的主要动力也需要得到进一步的论证。尽管新目的论依然在不断发展中，但是不可否认其在解释力上的功劳。

第二节　目的论解释下的动物天赋心理

我们通过图 6 - 1 可以看出，地球上的生命都是经过了漫长的生物进化而来的，具有共同的祖先。

生命的出现在地球上已经有 38 亿年之久，这对于整个生命进化的意义不言而喻。正是有了最原始的简单生命才为后来生物的进化提供了前提，多物种生命形式的出现又为高等生命的出现提供了基础和环境。当然这一切并不必然地说明高等生命的进化。因为在显生宙近 6 亿年的时间里，发生过五次大规模的生物灭绝大事件。古生物学家

---

① Lycan, W. (ed.), *Mind and Cognition: A Reader*, 1990, pp. 58 - 62, 97 - 106.

图6-1　生物进化树

统计，在这五次大规模的生物灭绝事件中，有99.9%甚至更多的生物灭绝了。只有极少数的幸运儿在灾难性事件中存活下来，成为今天现存的动植物种类。

我们今天存在的物种都是经过三十亿年进化而来的，通过自然选择能适应环境的并且有很大竞争力的基因才能保留下来。正是这种无情的自私才能使基因在自然选择中被选中而繁殖。这种成功的基因的自私性必然导致行为上的自私。对于整个物种来说，不存在所谓普遍的爱或普遍的利益，偶尔产生出来的利他行为也不过是为自身利益服务的。人类生物学的本性和社会学所提出的是两回事，不能混淆。不过瓦恩·爱德华兹所倡导的"群体选择"理论对自私又是另外一种解释。他认为一个具有自我牺牲精神个体组成的群体要比把自己的自私利益放在首位的个体组成的群体灭绝的可能性要小，因此更具有适应性。但是群体选择理论有很大的缺陷，它无法解释在更高一级群体之间的选择，只能保持在同一物种之间。①

动物进化的一个重要特征就是有机体与神经系统共同进化，这样我们可以看到：高级哺乳动物的神经系统要比低等动物复杂完善得多，高等脊椎动物都有复杂的心理活动。现代心理学家也普遍认为，心理现象不是人类独有的，高等动物也有。一般动物通过遗传获得其先验心理，与人类先验心理的传承有类似之处。先验心理包含知、欲、情三个方面。"知"就是天赋的先验知识，即个体在发育过程中由遗传信息转录生成的具有种系生存适应性的知识性心理信息；"欲"就是欲望，支配动物为个体的生存和种族的繁衍而不懈努力；"情"就是情感，令动物个体之间相互依恋、关怀、帮助和保护，以提高个体及种群的生存质量和机会。② 因此分析动物的天赋心理，对于探讨人类天赋心理有类比作用。

动物通过遗传获得天赋先验心理不仅可以在动物进化史中找到例证，而且科学实验也提供了验证。发展心理学家 Harry F. Harlow 以实验探索了幼猴和代理母猴之间的依恋关系。他将幼猴单独放在一个房间里，这里有两个代理猴妈妈。一个是铁丝做的，能提供食物；一个是绒布做的，不提供食物。如果幼猴对妈妈的依恋来自食物，那么应该与铁丝做的妈妈建立依恋关系。实验结果却是幼猴对绒布做的妈妈产生依恋。由此可见，动物内在性的情感等先验心理是客观存在的。遗传基因不仅规定了动物的形态特征，而且大部分决定了动物的心理发生。

人们一般认为心智是人所独有的领域，其他动物不过是自动装置罢了。行为主义更是认为动物不过是对事件的反射，没有分析思想过

---

① 参见理查德·道金斯《自私的基因》，卢允中等译，中信出版社 2012 年版，第一章。

② 韩明友：《先验心理——人类心灵深处的秘密》，科学出版社 2007 年版，前言。

程的能力。不过哈佛大学行为生物学家唐纳德·格里芬却否认这一说法，他在 1992 年出版的《动物的心智》一书中指出，心理学家和动物行为学家几乎被关于动物意识的观点所束缚。纽约州立大学布法罗分校的生物学和医学教授埃克尔斯（J. Eccles）也强调动物的意识，他说："进化论学者对动物进化中精神作用的出现给他们的唯物主义理论带来的巨大不解之谜置若罔闻，这一点非常令人不安。……至少就高等动物而言，我们现在必须承认'动物意识'的存在性，这对进化论者来说是一个挑战。"①

宾夕法尼亚大学的灵长类学家多萝西·切尼（Dorothy Cheney）和罗伯特·赛法思（Robert Seyfarth）花了几年时间观察和记录肯尼亚安布塞利国家公园的几群黑手长尾猴的生活。他们发现一个非常有趣的事情，猴子总是要预测相互之间的行为。"一只面临所有这种非随机的骚动的猴子，不能满足于简单地知道谁是它的统治者或者谁是它的下属；它也必须知道谁与谁结盟以及谁可能帮助对手。"剑桥大学心理学家尼科拉斯·汉弗莱（Nicholas Humphrey）认为，灵长类在心智上有监控整个群体结盟关系的迫切需要，这是动物心理中一个反论的关键。这个论点是这样的："在实验室人工豢养的情况下已经重复地证明，类人猿具有给人深刻印象的创造性推理的能力"。汉弗莱解释道："但是当这种动物处于自然环境中的时候，它们没有任何与这些智力相符的行为。我必须了解有任何表明野外的黑猩猩在解决生物学相关的实际问题时使用它的全部智力推理的能力的事例。"汉弗莱评论说，对于人类来说是一样的。例如，假定像灵长类学家观察黑猩猩一样，通过一副双筒望远镜来观察爱因斯坦，观察者很难从这位伟人身上看到天才的闪光。因为在一般情况下他确实不需要使用他的天才。②

---

① 约翰·C. 埃克尔斯：《脑的进化：自我意识的创生》，潘泓译，上海科技教育出版社 2005 年版，第 202 页。

② 参见理查德·利基《人类的起源》，吴汝康等译，上海科学技术出版社 1997 年版，第八章。

灵长类如果能预见其他成员的行为就必须在大脑中有一个庞大的智力库，以储存其他成员一切可能的行动及它们自己合适的反应。这就是超级计算机"深蓝"如何能达到国际象棋大师所应有的水准的方法。不过计算机在对任何一种特别的情况筛选所有可能的应付方法时比人的脑子快得多。这样灵长类可能需要那种在特殊情况下发展出来的具有启发意义的意识。他们可以根据推断来预见其他人在同样情况下的行为。具有这种能力的个体就会在进化上获得好处。

在 20 世纪 60 年代，纽约州立大学的心理学家戈登·盖洛普（Gordon Gallup）设计了一种自我认识的实验：镜子试验。就是让动物照镜子，如果动物能够认出它在镜子中的映像是"自己"，那么可以说它具有自我认识或意识。猩猩通过了镜子实验，但其他灵长类动物没有。因此，有的学者认为这个界限太过苛刻，又出现了一种排除性的试验"欺骗性行为"。也就是说一个动物故意对另一个动物说谎，这样它必须要有自我认识才能了解别个个体是如何看待它的行为的。例如黑猩猩以它们彼此以及它们与人的相互作用的方式显示了强烈的自我认识。它们像人一样能够猜出别人的心思，但是其范围较为有限。不管怎样，我们不得不承认有"动物意识"。尽管它如波普尔所说："意识在动物王国里的萌发是和生命本身的起源同样巨大的未解之谜。不过尽管谜底尚未解开，我们可以假定，意识是进化的产物，是自然选择的结果。"因此我们不能够还拘泥于刻板的唯物主义，因为如果这样就无法解释动物意识这一异常现象。

丹尼特认为所有的心智都有两个共同的特征。其一有关于环境的表征，其二具有表征的造物能接受表征的引导，对表征加工处理。人和其他非人类造物在心智上的区别就是程度上、方式上的不同。因此，丹尼特将心智划分为四个等级。第一级的心智就是达尔文式的心智，只对环境作出反应。最简单的生物就是这种心智。第二等级就是斯金纳式的心智，能借助操作性条件反射进行学习，有一定的可塑性。第三等级是波普尔式的心智，能表征环境。斯金纳式的学习是在试错中学习，而波普尔式的学习是在对经验的预测中学习。第四级就是格雷戈里式的心智，能有意识地表征，能形成关于表征的表征。通过以上对智能的分析可以看出，人类的智能是高级的具有普遍化的，而非人类生物智能是粗浅的。①

第三节　进化认识论

进化认识论是 20 世纪 60 年代出现的一股认识论思潮。它从进化的角度，从生物进化论的基本原理出发对人的认知能力和认知结构进行研究。德国学者福尔迈（Gerhard Vollmer）在《进化认识论——在生物学、心理学、语言学、哲学和科学理论的关联中探讨天赋认识结构》一书中，详尽阐述了其进化认识论思想。按照进化认识论，认识论重点要回答的是以下几个问题：我们为什么刚好并仅仅有这样的认识；我们的认识的效力有多大；认识的确定性根据何在等。而对于这一些问题的回答，进化认识论都试图通过进化论来解答。

福尔迈认为，康德既没有给先天综合判断下一个明确的定义，也没有直接给出先天的直观形式和概念从何而来的答案。但是他认为进化认识论可以进行解答。其给出的答案是："存在人类认识的结构……这些结构是进化的产物，它们属于个体的遗传装备，属于个体的认知的'存货库'，于是在宽泛的意义上是遗产的或天赋的。"② 先天综合判断成为可能是在这个意义上的。另外，康德在我们假设性地获得的科学真理上提出了两个诘难：一是我们不知道我们判断中主观份额有多大；二是这些主观成分会使范畴失去必然性。福尔迈认为可以在进化认识论中将这两种诘难一一驳倒。对于第一个诘难，福尔迈认为可以通过进化认识论部分消除。"哪些结构必须作为主观的有效，

---

① 高新民：《心灵的结构——心灵哲学本体论研究》，中国社会科学出版社 2005 年版，第 105 页。

② 福尔迈：《进化认知论》，舒远招译，武汉大学出版社 1994 年版，第 178 页。

对这个问题的回答可简述为：就是人在进化中为保全自己所需要的结构。"① 对于第二个诘难，福尔迈认为先天综合判断、范畴都没有必然性，只有进化认识论才能很好地解决这一难题。他说："直观形式与范畴，也是作为主观的、我们天生的禀赋适合这个世界的，以致'它们的运用，是与自然法则恰好一致的'，因此是简单的。因为它们是在适合这个世界和这些法则的进化过程中形成的。这种天赋的结构，也使我们理解到，我们能够作出恰当的、同时独立于经验的关于世界的陈述。"②

一 人类的进化

物种进化论的观点认为人类是从动物进化而来的。人的智能是人类的远古祖先在每次的大灭绝事件中幸存并不断进化出来的，是超越动物的一种智能。人在整个生物进化中的位置可以通过图6－2看出：单细胞→多细胞→鱼类→两栖类→爬行类→哺乳类（哺乳纲—灵长目—人科—人属—智人种）。

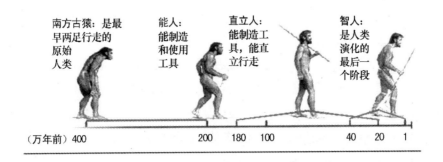

图6－2 人类进化示意图

---

① 福尔迈：《进化认知论》，舒远招译，武汉大学出版社1994年版，第179页。
② 同上书，第181页。

　　人类学家关注的焦点是像猿这样的动物是如何转变成为我们这样的人的呢？进化是如何进行的呢？这种转变是史诗般的奇遇，还是只是气候和生态环境的变化所致？至今，我们对史前时代的细节不能准确地说明。不过在从猿到人的过程中，有 4 个关键性事情。

　　第一个阶段是人的系统本身的起源。大约 700 万年以前，类似猿的动物转变为两足直立行走的物种。第二个阶段是这两足直立行走的物种的繁衍。在距今 700 万年到 200 万年前，两足猿演化出不同的物种，后期发展出一种大脑较大的物种。第三个阶段是脑子扩大是人属出现的信号，发展到后来的直立人，最后到智人。第四阶段是现代人的起源，智人如何进化到具有语言思维艺术等的现代人。我们不禁要问，人类的语言究竟最早出现在何时？又是什么原因促使人脑的增大？①

　　人类最早的祖先被认为是由树猿进化而来的南方古猿。直立既是猿到人的前提，也使人获得人的形态和心理品质成为可能。不管人类愿意不愿意，从分子遗传学的角度，现在人类的基因有 98% 与黑猩猩相同。这就是说人类与动物在基因上的差异要比形态上的小得多。人类根本无法摆脱其生物学的本性和身份，因此人类的遗传基因同样赋予人类先验心理和行为技能。

　　不过距今 360 万年前南方古猿并没有进化到能够制作石器工具的程度，但他们拥有用动物的骨头、角和牙齿做的工具以及用木头做得粗糙工具。② 而距今 190 万年的能人却不同，他们的脑容量已经达到 650—670 毫升，同时也会制作使用粗制的石器工具。那么这中间的变化是如何进化而来的呢？有学者认为肉食在人类祖先的生活中意义重大，为了适应新的食物，物种的生存型发生变化，也会使其生物结

---

　　① 理查德·利基：《人类的起源》，吴汝康等译，上海科学技术出版社 1997 年版，前言。

　　② 约翰·C. 埃克尔斯：《脑的进化：自我意识的创生》，潘泓译，上海科技教育出版社 2005 年版，第 77 页。

构发生改变。研究表明，早期能人的牙齿和上下颌骨的构造已经与南方古猿不同，这也许就是适应肉食食物所形成的。另外，在体力活跃性上，能人也比南方古猿要活跃得多，能有效地奔跑。不管怎样，手的精细化及工具的使用在猿人进化的过程中起到了不可估量的作用。

另外大脑边缘系统对人猿进化也起到了关键性的作用。大脑边缘系统是位于大脑皮层的底部，包括神经中枢及通信回路集群。赫斯对刺激清醒实验动物的边缘系统和下丘脑而引起的效应的研究以及奥尔兹和米尔纳将植入电极的技术运用于白鼠实验等一系列研究表明：这些边缘系统往往与情绪表达有关。在人体身上我们也可以找到有关例证。例如希恩也曾报道过对精神分裂症患者通过植入在中隔核的电极加刺激会引发愉快感觉。在比较人类与其他灵长类动物的杏仁核和中隔核之后，科学家们发现：从猿到人的进化中倾向于加强与愉快感受有关的核团，而与好斗愤怒相关的核团发育不全。

德斯蒙德·莫里斯在《裸猿》一书中赤裸裸地宣称人与动物的相似性，曾一度被认为是异端邪说，甚至被列为禁书。他从动物学的角度来描述人类这种动物，并把人类称为"裸猿"，在其书中旗帜鲜明地指出："人这种动物是受强有力的先天欲望支配的。"① 他警告我们不要幻想试图用理性去控制我们的生物本能，因为我们的这些"投机行为"本身也是受到生物先天的严格限制的。因此人类只有确认并顺应这种生物特性才能赢得更多的生存空间，也就是说在智力方面与基本动物合拍，在改进我们自身质量等方面符合自身遗传特征。反之靠堵的方式解决不了任何问题。

二　大脑的进化

人之所以成为人，归根到底是人类拥有高度发达的大脑。人的大脑结构并非古而有之，是从鱼的大脑进化到爬行动物的大脑，然后进

---

① 莫里斯：《裸猿》，刘文荣译，文汇出版社 2003 年版，"再版前言"第 2 页。

化到哺乳动物的大脑，最后进化到人的大脑。人脑的进化需要几百万年才能完成，我们可以通过对胎儿脑发育的研究揭示整个人类大脑发育的过程。胎儿发育的过程就是从单细胞发育成为完整人的过程，这个过程仅需要几年就可以完成。对人脑的解剖我们也可以清晰地看到在人脑中的类鱼、类爬行动物、类哺乳动物结构。

　　人脑是自然界中唯一具有意识和高度智慧的脑，究竟人脑和其他动物的大脑有何不同呢？我们先来看看哺乳动物的脑，基本结构还是由大脑、小脑和脑干组成。大脑表面的一层称为大脑皮质。图 6 - 3 左边是短吻鳄大脑皮质，右边是大鼠大脑皮质，可以看出哺乳类皮质在进化中增加了三次细胞，称为新皮质。因此哺乳类动物脑更复杂，适应环境能力更强。

　　人类属于哺乳动物，人脑与哺乳动物脑有类似之处。不过通过图 6 - 4可以看出，智慧越高的动物大脑皮质越发达，人与其他动物不同就在于人具有高度发达的大脑皮质。

　　美国芝加哥大学霍华德·休斯医学研究中心最新研究结果显示，人类大脑进化的速度与其他动物相比是火箭般的。该中心的主要研究人员布鲁斯·赖恩在进行微观实验后发现：控制大脑面积和发展性的基因在人类身上突变是在很短时间内完成的，这种进化的加速度是与人类世系选择力的存在一致的。他同时指出，如此众多的基因在世系进化成人类的 2000 万到 2500 万年的过程中发生如此多的突变，意味着为了创造人类现在所拥有的大脑，进化中一直进行着特别辛苦的选择力的活动。

　　思维是人区别于动物最神秘的部分，人为什么有思维呢？大脑是如何进化的，或者人的智力是如何进化的，不能简单地概括。大脑新功能的出现不是偶然的，必然在大脑某个区域有预先存在的部分。那么是什么使猿到人发生质的飞跃？一般认为是语言和手的协调。人工智能能否超越人类思维呢？智力不能等同于有目的的复杂行为，当然语言和预见行为本身是智力的某个方面。动物是否有智力呢？动物不

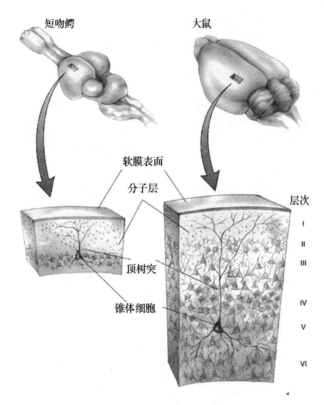

短吻鳄　大鼠

软膜表面

分子层

层次

顶树突

锥体细胞

图6-3　短吻鳄与大鼠大脑皮质

需要学习就可以做很多复杂行为，这些都是天生的本能。① 人与其他动物在本能上有很多类似之处，即人的本能是天生的。

　　如果是由于语言而使人脑发生天翻地覆的变化，那么到底是语言创造了思维，还是思维创造了语言。语言如果在人的早期进化过程中起到了举足轻重的作用，语言本身又是从何而来？有目的的动作和无目的的动作同样促进了大脑的发育。从本能的自我保护自我生存出发有目的的行为是否智力的表现？但是许多复杂有目的的行为未必是智力的，特别是一些动物天生的复杂行为。比如鸟类的求偶、筑巢、孵

———————————

　　① 威廉·卡尔文：《大脑如何思维：智力演化的今夕》，杨雄里、梁培基译，上海科技出版社2007年版，第一章。

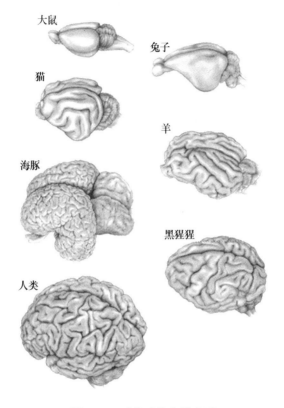

大鼠

兔子

猫

羊

海豚

黑猩猩

人类

图6-4　哺乳动物大脑皮质

化以及抚养后代等一系列行为仅仅是本能，非学习的结果。人类最初是否也是出于本能的生存需要而一步步进化而来的？人类是如何从进化中超越的呢？这些不能简单地归结于突变。

　　脑容量的增大可能是语言和自我意识产生的一个重要因素。埃克尔斯提出了心脑交互作用的量子力学假说，认为心脑交互作用和量子力学的概率场一样，虽然没有质量和能量，却能对突触递质释放过程起作用。① 他还认为意识不是从来就有的，有必要用进化的观点来研究意识的起源和演变。他说："尽管谜底尚未解开，但我们可以假定，

---

　　① 约翰·C. 埃克尔斯：《脑的进化：自我意识的创生》，潘泓译，上海科技教育出版社2005年版，第4页。

意识是进化的产物，是自然选择的结果。"① 当然用进化论来研究意识的过程中，埃克尔斯认为必须对进化论本身进行补充，因为"传统进化论并没有研讨自我意识是怎样在人猿进化的最后几个阶段里产生的"。

现在的问题是，意识是如何在人的大脑中出现的？心智到底给予我们祖先进化上什么样的好处？意识出现在什么时期？还有意识是"为了"什么而出现的呢？有学者认为意识的出现不过是大脑在运行中的副产品而已，并非为了什么而产生。而丹尼特曾指出，是否存在着任何一个有意识的实体能为他自己做的事情，而那个实体的完美的无意识的模拟物却不能为他自己做的事情？牛津大学的动物学家查理德·道金斯也认为不可思议。他认为可以用计算机来模拟预知能力，但是在模拟进化的最后却导致了主观意识。他说，也许当脑对世界的模拟变得如此完美以至于它必须包括一个它自身的模式时，意识就出现了。埃克尔斯认为意识是随着物质结构及机制的突变而产生的。也就是说必备两大事件，一是有突触前蜂窝状网络的出现；二是碰巧发生了超前进化。他说："突触前蜂窝状网络及其控制突触小泡以低概率释放递质的机制。这样的机制可能按类似于量子力学概率场的方式作为精神事件的微粒发挥作用，也因此变成超前进化的一个例子。……按微粒假说，这种机制为心脑交互作用所利用而使高等动物变得有意了。"同样，"经人科动物进化发展得来的具有自我意识的心智"②。

发展是宇宙中最神奇的一件事。我们都开始于一个单细胞受精卵，然后发展成为一个拥有100万亿个细胞并且按照特殊方式排列的有机体。控制这一发展过程的信息从何而来？为什么有的细胞发育成人，而有的却是别的物种？而人为什么相互之间如此类似？答案是这

---

① 约翰·C. 埃克尔斯：《脑的进化：自我意识的创生》，潘泓译，上海科技教育出版社2005年版，第206页。
② 同上书，第226—227页。

些信息都是由最初的细胞以某种方式转载。当然，如果这些信息不在细胞中，又会在哪儿呢？正是因为人类拥有高度复杂的神经系统，我们才拥有比动物更高级的生理和心理活动，我们才有自我认识的可能。神经仿真技术可以作为理解语言和认知的进化的工具，对于这样一类问题的回答是：一种发展基因的微调为何会导致新的神经结构和影响。

也有人将天赋论与突现论进行对比，并且根据二分法得出大脑构造的产生的两种方式。一种方式是"先天"，如构造的所有方面都是在基因中指定的（可以称之为强先天论）。另一种方式是通过大脑与外部世界系统内在交互及加工的发展中"突现的"。即要么在未成熟机体中有着遗传赋予和先前就存在的心理构造：潜在的言语和数的能力，以及在婴儿成熟时所展现的物理和社会推理能力；要么把发展理解为一些分散的局部互动的即时突现产物，发展被看作是动力系统中的变化。

什么是突现论呢？原本是进化论中与渐进论相对的一种解释生物跳跃非连续性现象，后来被引入哲学来解释心身问题。代表人物有美国神经心理学家斯佩里和加拿大心灵哲学家马里奥·邦格。他们认为意识是高水平的脑过程的动力系统的特性，是脑活动突现出的新特性，并与脑生理活动相互作用。不过根据上面二分法的逻辑，心智的进化似乎与天赋论无关，而是与突现论相关。但是突现论显然不能成为进化最终结果的解释，因为无法忽视自然选择在有机体发展中的作用。

意识进化出来后，人的进化并没有停止，理性、利他道德以及自我意识都被陆续进化出来。但是如何解释这些呢，我们可以再次付诸进化，可以用自然的必然和偶然力量解释。但同时埃克尔斯也认为："生物进化不可简单归因于偶然性和必然性，如果是那样的话，就不会产生我们人类和我们的价值观。……进化可能是那个至高无上的'意图'的手段，超越了所有的偶然和必然，至少对创造具有自我意识的人类的壮举是如此。"① 因此在埃克尔斯看来，自我以及自我意识的来源问题上无法用进化来解释。因为达尔文的进化论无法解释内心经验的特殊性，他说："内心体验是非物质状态的东西，属于和先前有全面充分理解的物质—能量世界完全不同的另外一个世界。"②

三　文化的进化

美国人类学家弗朗兹·博厄斯强调人的文化的可塑性，并把人性扩展到无限可能性，认为文化把人从自然中解放了出来。他通过研究试图证明人的心智上是平等的，但是文化上存在深层的差异，因此种族差异源于历史和环境。虽然他意识到个体之间有天生的差异，但是认为单个个体之间的差异程度大大超过了种族之间的差异。不过在他之后的人类学家们信奉"白板说"，"认为人类行为的原因都在个体之外，人性是社会力量的结果，而不是原因"③。这一论点被斯蒂芬·平克在《白板说》（The Blank Slate）中进行了深刻的批判与反驳。事实上人类之所以能够产生文化，在于人的自然天性，也就是基因。这种基因能够使人与人之间进行知识的积累和传递。尽管这类基因还没有在人脑中找到，但是文化—习得基因确实存在。心理学家特伦斯·迪肯认为早期人类有用任意符号代表观点的能力是因为将模仿和移情两种能力结合起来的缘故。自人有了符号交流，文化的积累就开始向前发展。更多的文化需要更大的大脑，而更大的大脑也会出现更多的文化。

人类文化就是波普尔三个世界理论中的世界Ⅲ，是人类所创造的。文化的传播速度要比生物进化的速度快多了。如斯特宾斯所言：

---

① 约翰·C. 埃克尔斯：《脑的进化：自我意识的创生》，潘泓译，上海科技教育出版社 2005 年版，第 133 页。
② 同上书，第 205 页。
③ 参见马特·里德利《先天，后天：基因、经验，及什么使我们成为人》，陈虎平、严成芬译，北京理工大学出版社 2005 年版，第 208—213 页。

就文化进化而言，人类是独一无二的，在适应性进化和无确定性质的进化两方面都和其他物种有巨大的不同，文化进化主要是基于传统、模仿和学习。那么生物进化和文化进化之间的区别就异常明显。对生物进化而言，是依赖DNA进行世袭生物功能的遗传；对文化进化而言，依赖的是所有科学技术、实物、书籍、电子产品等文化样板。生物进化中依赖基因库产生变异性；文化进化中依赖于文化库产生文化变种。而文化库本身就反映了我们的价值体系，价值观成为我们作出各种判断和决定的框架。就如同在幼儿出生之时语言脑区已经形成一样，最初学得的价值体系是幼儿周围环境里的文化所体现的价值观念。文化的进化取决于人类的创造力，当然文化进化本身也只是一个推测。

互联网进化是最新提出的一个概念，也只是一个猜想。其核心观点认为互联网和人脑一样具备神经组织结构，有其虚拟神经元，虚拟感觉、视觉、听觉、运动，中枢，自主和记忆神经系统，也就是互联网虚拟大脑。互联网虚拟大脑的不断成熟不仅会对神经学产生重大的启发式影响，同时也将推动天赋理论的纵深发展。

第七章

折中性视野下的天赋理论

目前西方天赋论的最新发展带有很强的折中性，融合不同流派的天赋论思想，具有很强的综合性。特别值得一提的是具身认识论和自然主义框架下的天赋理论都带有一些唯物主义倾向。

第一节　具身—能动范式下的新综合论

近来出现了这样的综合的趋势，即把当代天赋论与经验论结合起来，建立一种新的"混合论"。我们知道，在对人类认知来源问题上，随着天赋理论与经验论各自的争论以及相互论战的深入，目前已产生了这样的需要，即建立新的混合的理论，它承认先天和后天的作用，并能说明两者相互作用的方式。在当前也有这样的条件：一方面，对天赋理论已有许多不同的阐释；另一方面，经验论和构建论各自强调的是不同的观点。这些都为新的综合提供了基础。事实上，这种理论已经产生了。不过天赋理论本身还不完备，因此认识还只是开始，需要相关学科的学者的通力合作。

一 具身认知论

无论是计算主义、联结主义还是认知主义、现象学研究都有一个共同之处，就是忽视或者淡化人的身体在人类认知中的作用，认为智能就是对内在表征的操纵，内在实体代表或关联着世界属性。在这一哲学传统之下，人工智能的研究同样忽视人的身体，只研究如何让计算机模拟人脑，甚至有学者认为"人是机器"。但是机器始终只能对应已经编码好的环境而不能像人一样有意识状态，也不能表征人类意识的语义内容。以往对人和机器的本质区分认为是理性和语言。现象学的身体理论却告诉我们，人和机器的本质区别在于人类的身体。因为机器不具备人的身体，所以不可能具备人类的理性和意识。同样的道理，人和动物的本质区别也在于人类的身体。黑猩猩或者鹦鹉之所以无法真正学会人类的语言，不是因为它们不具备意识，而是它们与人类身体上的本质差别。这样，认知科学的研究开始步入具身认知范式。

在当代现象学对无身现象学有力的批判以及神经科学的发展比如"镜像神经元"的发现下，认知科学开始从无身认知转型到具身认知范式。应该说具身认知与梅洛－庞蒂等人的身体现象学发展密切相关。他在追问超验意识何以可能的条件时，意识到了"身体"有其重大作用。梅洛－庞蒂知觉之所以可能是因为身体，他说："因为我们看到身体分泌出一种不知来自何处的'意义'，因为我们看到身体把该意义投射到它周围的特质环境并传递给其他具体化的主体。"①1995 年前后，研究恒河猴运动前区中单个神经元放电活动的意大利帕尔马大学的神经科学家们无意间发现了一个有趣的现象。实验人员的动作呈现在恒河猴视野中也会引发特定的神经元放电活动。这种像镜子一样可以映射他人动作的神经元成为"镜像神经元"。这一重大发现鼓舞了大批研究者们，他们开始重新思考"身心如何运作"等

---

① 梅洛－庞蒂：《知觉现象学》，姜志辉译，商务印书馆 2001 年版，第 255—256 页。

问题。具身认知目前成为越来越热门的研究思潮。在国际顶尖学术杂志 *Science* 上，近年来登载了许多有关心智具身性的心理学实验。那么，什么是具身认知呢？

具身认识论认为人的认知依赖于各种经验，而这些经验来自拥有各种感觉—运动技能的身体。我们的心智理性都是具身的，它们都依赖身体具体的生理神经结构和活动图示；认知过程与发展都植根于人的身体结构以及最初的身体和世界的相互作用中。换句话说，就是我们的认知不是发生在大脑中的一种符号加工过程，身体的构造、感觉运动系统与环境的互动决定了认知的特性和形式，也决定有机体具备哪种具体的认知能力。发展心理学家埃丝特·西伦（Esther Thelen）指出："当我们说认知是具身的，其含义是指认知源于身体与世界的互动。以这种观点来看，认知依赖于一个有着特定知觉和运动系统的身体的体验。"① 在具身认识论看来，身体不仅仅是提供了一个大脑用来进行思维，外部环境也不仅仅是为人脑的活动提供场地；而是心智嵌入（embedded）大脑中，大脑嵌入身体中，身体嵌入环境中。这样就构成了心智、大脑、身体和环境的一个一体化系统。

具身认知已经不仅仅是一个源于哲学的观念，现在已经成为认知研究进路、纲领和范式。认知是根植于自然中的有机体适应自然环境而发展起来的一种能力，它经历了一个连续的复杂进化发展过程，最初是在具有神经系统（脑）的身体和环境相互作用的动力过程中生成的，后发展为高级的、基于语义符号的认知能力；就情境的方面而言，认知是一个系统的事件，而不是个体的独立的事件，因为认知不是排除了身体、世界和活动（action）而专属于个体的心智（大脑）并由它独立完成的事件。

具身性通过身体意象和身体图示系统以一种前意向性的方式对我们

---

① E. Thelen, G. Schoner, C. Scheier, and L. B. Smith, "The dynamics of embodiment: A field theory of infant preservative reaching", *Behavioral and Brain Science*, No. 24, 2001, p. XX.

的认知产生重要影响。那么什么是身体意象和身体图式？身体意象和身体图式是先天的吗？心理学中的身体意象是指一个人对自己身体的看法、信念和情感态度。个体对自己身体的态度和观念会影响理解自我和他人身体的方式。身体图式和身体意象经常混淆，身体图式涉及动作和姿势的控制，是一种知觉—运动系统能力。在经验论者看来，身体意象和身体图式不是生而具有的，是通过不断的体验学习获得的。20 世纪60 年代，美国神经生物学家温斯坦和瑟森通过对幻肢现象的研究提出了身体图式可能是先天的观点。70 年代，心理学家梅尔佐夫和摩尔对新生婴儿模仿研究行为的研究表明仅出生一个小时的新生婴儿就能对他人的面部表情进行模仿。这一研究表明新生婴儿已经具备在不同知觉形式间进行交互的能力，并且随着模仿的加深能够把握观察到的他人身体信息与个人体验到的身体信息之间的平衡。因此，在新生婴儿这里就存在着先天性的自我和他人之间交互的耦合。

从具身认知论出发考察，先天性指的是天赋的生理基础以及我们先天就具有的主体间进行交互的能力。正是这种交互能力使得我们能够通过他人的运动表情等知晓他们的情感意向，同时能将他们的情感意向反馈到他们所处的情景和事件中去，从而能够理解他人意图。

二 "先天经由后天"

马特·里德利认为人类基因组的发现的确改变了人们对先天后天的看法，但却不是终结这场争论，或是让某一方赢得战斗，而是因为它从两端充实这场争论，直到这两者在中间相会。他说："发现基因实际上如何影响人类行为，发现人类行为又如何影响基因，这也许会让我们以全新的视角来看待这场争论。不再是先天对立于后天，而是先天经由后天。基因被设计来从后天取得其线索。"① 也就是说基因

---

① 马特·里德利：《先天，后天：基因、经验，及什么使我们成为人》，陈虎平、严成芬译，北京理工大学出版社 2005 年版，"序"第 4 页。

是深受后天环境影响，人脑是为后天构建的，而先天也就为后天而设计的。因此基因既是我们行为的原因，也是我们行为的结果。

在对动物和人类的行为特征的生物学考察，我们不得不承认人与其他动物的相似性。达尔文曾下结论，人类和更高等动物之间在心智上的差别虽然很大，但显然只是程度差别，不是一种类型差别。也就是说我们与动物在心智上的差别只是量的差异，而非质的差异，只是我们比黑猩猩更会思考、更会表达而已。关键的问题是到目前为止也没有哪位科学家能教会黑猩猩说话，我们要比黑猩猩聪明得多。因此人类与其他动物心智上的差异不只是量的差异。那么究竟人是本能性的动物，还是有意识的存在者呢？其实不必纠结于差异性与相似性到底选哪一个，完全可以都选择。就像光一样，既具有波动性又具有粒子性。

现在科学家发现人类大约有 3 万个基因，它们通过转译为蛋白机制构建我们的身体。同时，黑猩猩也有大约相同的基因数，只有 1.5% 的不同。这本身就制造了人类与猿根本的不同，即我们由基因所决定。但问题是基因没有告诉我们人类的独特性来源何处。不过这正好说明身体不是被造出来的，而是长出来的。即基因组不是建造身体的蓝图，而是烘焙身体的菜谱。一只黑猩猩和一个人有不同的大脑，不是因为不同的大脑的蓝图，而是黑猩猩长下颌的时间比人长，而长头颅的时间比人短。它们的时间安排就是一切，一切的差别全都在时间安排上。也就是说当我们打开一个个基因表达的时候，可以插入经验某种外在之物（教育等）这就可以影响自动启闭装置。那么后天就可以通过先天来表达自己了。

人在多大程度上由后天所决定，就多大程度上由其早期的不可逆转的事件所决定。因为先天后天之分不是出生前与出生后之间的区别，胎儿在子宫中的环境因素也是至关重要的。

三 理论—生成论

一般来说，当代心灵哲学家都不否认民间心理学（Folk Psychology，FP）是一个客观存在的事实，都承认人们有丰富的常识心理学知识。但他们对 FP 的形式、内容和实质却有不同的阐释，对 FP 的前途和命运更是众说纷纭，莫衷一是。关于民间心理学是如何形成的，目前争论点仍然集中在天赋论、后天环境决定论和相互决定论上。其中天赋论认为民间心理学是天赋的，是不用训练自发形成的用信念等概念来解释人的行为和心理状态的一种能力。福多的模块性解释就是天赋论解释的一种。福多认为，儿童的民间心理学理论不是经过理论化的过程获得的，而是先天的。关于信念等的表征不是在发展过程中借助事实材料建构出来的，而是生来就有的。先天的结构产生了关于输入的强制性的表征，它一开始就在那里，它的发展从遗传上被决定了。而且模块性也决定了个体后来发展的轨迹以及所获得知识、能力的可能和不可能的范围。

在模块论看来，模块不仅是先天的，而且还是节略性的、压缩性的。作为模块之结果的表征，不同于作为核心知识和信念过程之结果的表征，它是不能为新的证据模式所摧毁的，模块的压缩性意味着它们是不能被取消的，就像乔姆斯基的句法理论中的大多数句法规则是先天的、不可再发展的一样。在福多看来，模块的内在结构是不可能基于来自别的系统的输入而重组的。当然来自模块的输出能为别的系统利用。模块的典型例子是视觉或句法系统中的专门表征和规则。这种模块把特定的知觉输入（网膜刺激）映射到更抽象的表征集合（相位—结构）上，它们规定某些推理或输出。模块论的主要根据有：第一，根据福多的观点，心脑由两部分组成：一是遗传上专门化、功能上独立化的模块，二是非模块的、专门负责演绎推理的中心加工过程。而人的民间心理学就依赖于前一部分。第二，具体科学的、实证性的材料似乎也支持这一点。例如乔姆斯基的普遍语法，发展心理学关于儿童心灵理论的语义学的先天模块性，关于大脑损伤、弱智的实验研究等。

另一种解释，理论—生成论（theory-forming）是在与模块论的论战中建立起来的一种带有更大综合性的理论。它承认有先天的东西，但又认为这种先天结构是可以取代的，至少它们的任何部分都是可以改变的。简言之，存在着先天的理论，但它们可以改变。而且变化、取代在出生时就会发生。它还认为，存在着关于心灵的特殊的先天理论，或关于人的先天的概念，它们是后来建构种种心灵理论的基础。儿童的心灵理论可看作是从一个码头开出的一只小船，我们乘坐在上面，同时又根据不断变化的环境，利用我们所有的条件不断予以重建。因为在航行过程中，每前进一步都需作出适当的调整，以适应变化了的环境。到航行结束时，船已不是原来的样子了。也就是说，儿童能成长为有各种知识和能力的人绝不是一块白板，而是有其先天的基础的。而成人在原来的心灵理论的基础上最终完成、形成的理论肯定不是原来的样子，它包含着对原有理论的修改、补充、抛弃、改造等。因此儿童的心灵理论既有天赋性，又有开放性。

卡米洛夫－史密斯（A. Karmiloff-Smith）认为，常识心理学的发展是先天和后天、遗传和环境等诸因素相互作用的产物，它涉及逐渐模块化的过程而不是预先规定的模块。天性规定了对特定输入的注意偏向和加工原则，它把儿童的注意力引向有关的环境输入，建立相关的表征。因此，先天的原则制约着儿童对这些输入的加工，并决定着以后学习的性质。但这些先天的基础只是一种倾向和概略，而不是详细的规定和预成的知识。先天的成分必须通过环境的推动才能成为能力的一部分。①

每一个体无一例外地都具有自己的民间心理学。这种民间心理学既有共性，又有个性，而共性居主导地位。也就是说，古往今来每一个人所具有的民间心理学基本上是大同小异的，正如丘奇兰德所说，民间心理学自从在原始社会产生以来基本上没有进化，没有发展，它

①　A. 卡米洛夫－史密斯：《超越模块性——认知科学的发展观》，缪小春译，华东师范大学出版社 2001 年版，第4—5 页。

的理论术语、原则之网、功能作用以及关于心、关于人的结构图景基本上没有变化①。当然每个人对它的理解以及运用它的方式又或多或少有一些个体差异。因为它的不变性、共性是由遗传决定的。这里的遗传既有生物基因的遗传，即 FP 作为一种固定的图式内化于人的生物基因之中，从上一代传给下一代；又有文化基因的遗传，即文化的连续性、相对稳定性是靠文化基因传递的。人类生活的每一个历史阶段，总是生活着不同年龄、不同世代的人，父辈总会自觉不自觉地把他们从其父辈那里继承来的文化通过社会生活传给下一代，如此递进，以至无穷。基于这两种传承，人类的 FP 才能够世代相因，在变化中保持恒久。

四　威尔逊的宽计算主义

威尔逊（R. Wilson）最近在《心灵的界限》一书中阐发了他的宽计算主义的观点。他把传统的计算理论归为窄计算理论。这理论基本特点是计算系统封闭于头颅，计算过程既始于又止于头颅。他倡导的宽计算主义则认为：计算系统能超出皮肤而进到外部世界，计算不完全发生在头脑之内。因为计算既然是过程，就一定有其步骤，如先分辨表征性、信息性形式，这些形式既可是脑内的，也可是脑外的，它们构成了相关的计算系统；接着，在这些表征之间进行模拟、计算；最后，是行为输出，它是宽计算系统的组成部分。

传统的观点（例如经验论和唯物论）和当代占主导地位的观点认为：意识现象是完全发生在个体身体之内的过程及状态，至少从发生部位上来说，它们是个体主义的。有的人认为，它们不仅在定位上是个体主义的，而且从分类学上说也是如此。威尔逊根据罗斯塔尔等人提出的高阶理论进一步深化，提出了觉知的 TESEE 特征，即一是暂时的绵延

---

① Churchland, P. M. (1981), "Eliminative Materialism and the Prositional Attitudes", In Rosenthal, D. (ed.), *The Nature of Mind*, Oxford: Oxford University Press, 1991, pp. 601 –612.

(temporally extended)；二是它们一般以环境和文化为支撑（scaforld-
ed）；三是它们既是内嵌的（embedded），又是被包含的（embodied）。
第一个特征强调作为觉知的意识在时间上是短暂的，但毕竟是在时间过
程中发生和进行的现象。有这种过程就一定有从意识经验到行动，再从
行动到意识经验的循环，或者说有从意识主体到世界，再从世界到意识
主体的循环。而有这种循环，就一定会使意识的暂时绵延与意识向大脑
之外的空间上的延展密切联系在一起。有了这种延展，就一定会使意识
有外在的支撑。这支撑有两方面，一是个体之外的环境和文化因素，如
自然事物、各种符号及书本等；二是个体之外的他人。这两者都是认知
的源泉。他接着说，有外在事物刺激所引起的认知活动就一定有活动的
主体，而有这种主体及其作用，就一定有内在的东西。正是这一点，导
致了后两个特征，即被包含和内嵌。他说：这些论述"提出的是这样
的论点，即从觉知的暂时的绵延本质可以进一步推出关于自主体、内嵌
和被包含的论断。但事实上我认为，这个论证可以这样展开，即从任何
一个论断推出别的论断"①。总之，觉知过程"是一揽子交易"，② 即不
是一个简单的过程，尤其是它离不开外在因素的作用。如果是这样，意
识的事实与外在主义就没有根本的冲突。

威尔逊认为，宽计算主义在一系列问题上都坚持宽政策，如宽计
算系统、宽定位（定位在头脑与世界之间）等。他说："在引进和辩
护作为认知科学研究纲领的宽计算主义时，我利用了这样一些现成的
成果，它们可以合理地看作是关于认知加工的宽计算主义观的范
例。"③ 他的宽计算主义还利用了联结主义的分布性认知、巴拉德
（D. H. Ballard）关于动物视觉研究的成果以及布鲁克斯（R.
Brooks）关于能穿越障碍的智能机器人的研究成果。④ 接着他提出了

---

① R. Wilson, *Boundaries of the Mind*, Cambridge：Cambridge University Press, 2004, p. 220.
② Ibid. , p. 201.
③ Ibid. , p. 179.
④ Ibid. , ch. 7.

"利用性表征"的概念，在此基础上，经过拓展，他又创立了自己的关于表征的利用观点（the exploitive view of representation）。其核心思想是：表征不只是一种编码形式，更重要的是一种信息利用的形式，而编码只是这种信息利用的一个特例。没有必要把表征看作是外部世界的内在摹本或代码。因为，"确切地说，表征是个体在提取和利用必然为行动进一步使用的信息的过程中所实施的一种活动。正是通过表征活动，主体才得以置身于世界，才得以跟踪世界，而不是让自己游离于世界之外"。

威尔逊的宽计算主义由一系列带有"宽"的概念所组成。这些"宽"强调的方面不同，但实质、主旨只有一个，就是强调人的心理状态尽管局限于人脑之内，与所随附的或实现它的大脑结构有不可分割的联系，但是人的心理状态、人的计算由其本性所决定，又可以超出头脑，从而把自己与外部世界关联起来。他说，他的目的在于论证："计算本身可以超出有机体的头脑之外，在个体与它们的环境之间形成各种关系。"① 人之所以能超出自身之外完成关于环境的加工，即宽计算，是因为人有宽计算系统。他说："宽计算系统因此包含的是这样的心灵，它可以自由地超出头脑的限制而进至世界之内。……心灵是宽实现的"②，即由复杂的物理系统宽实现的。在他看来，宽实现之所以可能，是因为心灵后面有物理系统，借助这种系统及其运作，内部过程、计算便与外部环境关联起来了。

第二节　天赋理论的自然主义走向

一　先天后天的辩证互动

如前所述，极端的经验主义或天赋理论都遇到了无法解决的难

---

① R. Wilson, *Boundaries of the Mind*, Cambridge：Cambridge University Press, 2004, pp. 164 – 165.

② Ibid. , p. 165.

题，它们一步步相互靠拢。在这个过程中先天与后天的关系不再是独立的，而是相互促进的辩证关系。

现在对先天后天在人的认知能力发展中的作用，既承认天赋论所提出的先天基础，同时强调经验在个人及族类具体的能力形成中不可替代的地位。例如儿童一出生就有视觉能力和视觉活动，完全不依赖于环境和语言，而且全部族类都是共同的、不变的。他们的知觉经验自然地引起了他们的与天赋倾向连在一起的知觉概念的应用，进而他们有了相应的语言表达式及其运用。例如"点"、"线"、"面"、"上"、"下"、"圆"、"方"等语词及其所表达的概念似乎是由人的普遍的知觉经验或天赋的心理状态决定的。许多心理学哲学家例如柏奇不否认天赋的心理状态、能力、倾向的存在及其作用。他说："的确可以构想这样的假设性的事例，在其中，关于世界的视觉规律是不同的……因此携带着不同知觉信息的不同知觉概念是先天的，或普遍地获得的。"① 但是由此并不能得出结论说：人的知觉概念以及在此基础上所出现的语言表达式的意义是由人的心理结构独自决定的。因为一方面，即使两个人的身体、心理结构完全相同，但他们视觉经验的知觉内容可能是不同的，进而他们表达客观知觉属性的语词的意义也可能是不同的。另一方面，即使人的心理能力、语言能力有天赋的一面，因此其语言的意义可能有受天赋因素决定的一面，但是天赋的东西本身又是由我们的祖先在与世界打交道的过程中形成的，天赋的东西本身是由人与世界的关系而个体化的。他说："主张某些概念和意义以非个体主义方式而个体化这一观点与主张这些概念和意义是天赋的这一观点是一致的。环境在决定心理类型上的作用既发生在物种的进化之中，又发生在个体的经验历史之中。"②

来自约翰·埃克尔斯《脑的进化：自我意识的创生》书中的一个

---

① T. Burge, "Wherein is Language Social?", in C. A. Anderson et al. (eds.), *Propositional Attitudes*, Stanford University: CSLI, 1990, p. 119.

② Ibid., pp. 119 – 120.

案例也能说明先天后天关系。一个名叫吉妮的女孩被其患有精神病的父亲关在洛杉矶住宅的小阁楼上近 13 年，仅有少量的照顾，几乎与世隔绝。在将其解救出来时，她处在人格发展阶梯的底部，仅大脑右半球掌握一些简陋的语言。后在柯蒂斯博士的帮助下，吉妮开始逐渐成长为一个具有自我意识、有正常表达和识别能力的有人性的人。这正好证明了大脑由遗传指令建构，是由先天天性决定的。但是人格的培养取决于后天的教养。因此，吉妮在先天与后天之间有长达 13 年的空白。

基因对解释 IQ 的相对差异性贡献率在幼儿那是 20%，在儿童那是 40%，在成年人那是 60%，到中年人那里可能高达 80%。这一反例说明成年后人的智力和个性、体重一样更多的是遗传，小部分是个人独有的环境，更少的是成长的家庭环境。同时环境也不是固定僵化之物，而是我们自己选择的。具有一定基因的人就会倾向于一定基因的环境，因此基因是后天培育的中间人。也就是说先天只是在刺激人去寻找满足其欲望的环境上起作用。先天并不主宰后天，它们不是竞争者，根本没有两者对立那回事。

约翰·托比和丽达·科斯米德主张人的行为不必直接与基因有关，但其底层的心理机制却可以。他们认为人的整个发育过程都在演化中，整个过程要求成功的整合基因与之预期出现的环境，基因和环境都是自然选择的产物。

二 心脑问题的微位假说

波普尔的三个世界哲学思想认为所有的存在经验都在这三个世界里。世界 I 是包括人脑在内的所有物理对象和自然状态的总和；世界 II 是包括所有的主观知识和意识状态；世界 III 是客观意义上知识总体，人造的文化世界。那么为什么我们的大脑能认识世界，心脑究竟是什么关系呢？历史上有极端唯物主义、泛心灵论、机械行为说、心脑同一论和二元身心交互作用论假说。极端唯物主义已经遭到淘汰，因为不论是主观感受还是实验都证明意识的存在。有关心智的唯物主义解释都认为物质世界，即世界 I 是自主的或封闭的。但是这种假说认为非物质精神世界可以以某种方式对如大脑皮层神经元那样的物质结构起作用会遇到无可逾越的难题。因为这一作用与物理学守恒定律特别是热力学第一定律是不相容的。

量子物理学家马基瑙认为心智就是一种场，是物理学意义上可以接受的场，是一种非物质的场，和概率场相类似。突触就是一个神经元与另一个神经元发生通信的位点，是完成具体运作的微粒。这就是类似于量子力学概率场的精神事件。根据微粒假说，通过一个心元起作用的一个精神意向，拥有排列在树突上的，数万个激活了的突触前蜂窝状网络及其上的突触小泡等待着被选择。就大脑对心智的反作用而言，每当一个心元成功地选择了一个突触小泡释放其递质，这个过程被心元记存并传播到整个精神世界。因此，我们的注意力时时刻刻将数百万个单元精神感知整合成我们享有的整体经验。

这种微位假说可以很好地说明在漫长的进化过程中，这种心脑的交互作用机制的使用使得高等动物变得有意识了。在这个意义上的天赋理论实际上就是纯粹唯物主义的观点。

另一种交互理论是里贝特的"有意识的心智场"理论。本杰明·里贝特（B. Libet）在意识和自由意志领域进行了神经科学研究，为了解决意识体验的统一性和因果作用，他提出了有意识的心智场，即 Conscious Mental Field。对于 CMF 的界定，里贝特认为 CMF 涌现自适当的皮层功能，具有意识体验的属性，能反向作用于某些神经活动，在现象学上是一个独立的范畴，无法用任何外部可观测的物理时间描述，只有拥有 CMF，才能通达 CMF。为了检验 CMF，里贝特提出了检验方案。对于这个方案，首先要回答的问题是，CMF 能影响神经元的活动吗？里贝特认为如果刺激隔离皮层厚片能诱发被试的内省报告，那么 CMF 一定能激活产生口头报告的适当脑区。"如果实验结果被证明是肯定的，换言之，对神经隔离皮层的适当刺激诱发了一些可报告的主观反应，这些反应不能归因于临近未隔离皮层或者其他大脑结构的刺激。这意味着，一个皮层区的激活有助于全体统一的意识体验，它是通过某些模式而不是通过神经传导的神经信息实现的。这个结果将为所提到的场理论提供至关重要的支持。场理论认为，皮层区能够有助于或影响这个更大的意识场，它能为主观体验的统一场和神经功能的心智介入提供实验基础。"①

在"有意识的心智场"理论论证中，不难发现里贝特一心想解决意识研究中的"难问题"——"意识如何从物质中产生"。对于这一问题的解答，里贝特的主张和斯佩里（R. Sperry）的很类似，都属于涌现交互作用论。他认为意识涌现自像脑这样的物理系统，涌现的宏观属性是非物理的，不可还原为脑神经的微观属性，唯有第一人称才能通达，而涌现的非物理的意识体验对脑活动有因果作用。里贝特反对副现象论，认为心—身或心—脑的交互作用是相互的，因为如果没有意识体验对脑事件或过程的反向的因果作用，那么自由意识本身就是错觉。因此，里贝特最终只有说："我们也许不得不满足于有意识的主观体验如何与脑活动相关的知识，但我们可能无法解释主观体验为什么或如何从脑活动中涌现出来。正如我们无法解释为什么重力是物质的属性。我们接受每个根本的现象范畴存在，并且我们也接受这个现象范畴与其他系统的关系可以在不知道为什么这种关系存在的情况下就被研究。"② 当然如果真的 CMF 被证实，那么有可能一些心智现象没有直接的神经基础，有意识的意志有可能不总是遵循物质世界的自然律。"有证据表明一个完全的相关性也许不会出现，可能存在一些有意识的心智事件，它们的出现似乎没有关联神经事件或以神经事件为基础。"③

---

① B. Libet, *Mind Time*: *The Temporal Factor in Consciousness*, Cambridge: Harvard University Press, 2004, pp. 178 – 179.

② Ibid., p. 184.

③ B. Libet, "Can Conscious Experience Affect Brain Activity?", pp. 24 – 28.

三 塞尔的"生物学自然主义"

约翰·塞尔（J. R. Searle）是当今世界最负盛名的哲学家之一。他认为要理解意识，就必须抛弃传统的心物二分世界观。塞尔说：这一区分"到 20 世纪已经成为科学理解意识在自然界中的地位的巨大障碍"。要除去这一障碍，又必须"把意识作为生物现象重新引入科学主题"。① 它尽管是"心的"，是主观的，但不是不存在的，因为它也是自然现象，尤其是生物现象。塞尔说："'主观性'指的是一种本体论范畴，而不是一种认识形式。例如有这样的陈述：'我的后下背有点疼'。这个陈述完全是客观的，因为它的真是由一个事实的存在所保证的，而且它又不依赖于观察者的任何立场、观点或意见。然而，现象本身即实际疼痛本身有主观的存在形式，正是在此意义上……意识是主观的。"②

塞尔认为只有对唯物主义和二元论关于意识的观点进行分析，才能说明意向性是一种生物现象。他说："回应唯物主义的方法就是指出它忽略了意识的实际存在，战胜二元论的方法就是直接拒绝接受那些把意识说成是非生物学的东西。"他的观点是："意识是和其他生物学现象一样的一种生物学现象。"独特之处在于：它是"大脑的更高层次的特征，正如消化是胃的更高的特征一样"。③ 既然如此，就不能把它归结为属于第三人称的本体论现象，因为它本来就是第一人称的本体论现象。基于上述分析，他概述了他所提出的介于二元论与唯物论之间的中间意识理论——生物学的自然主义。它有如下要点：（1）意识有三种独特特征，即内在性、质的性质和主观性；（2）意识有第一人称的本体论，不能还原为第三人称现象；（3）意识是一种生物学现象，意识过程是生物学过程；（4）意识过程是由较低层

---

① 塞尔：《心灵的再发现》，王巍译，中国人民大学出版社 2005 年版，第 75 页。
② 同上书，第 81 页。
③ 塞尔：《心灵、语言与社会》，李步楼译，上海译文出版社 2001 年版，第 51 页。

次的神经过程引起的；（5）意识是由在大脑结构中所实现的较高层次的过程所构成的；（6）要造出人工大脑，只仿造输入输出过程是不行的，必须仿造其意识过程。他总结说："这样，我们就把意识'自然化'了，事实上，我对这种观点加上的名目是'生物学的自然主义'。"①

在对意向性作还原论说明时，常见的做法就是自然化，即把意向词汇还原为自然科学中可以接受的词汇。塞尔认为这种自然化是错误的。他认为：如果从派生的意向性、"好像的"意向性出发去思考内在过程怎么可能有意向性，那么意向性、关于性就变得无法理解了。因此"出路就在于从不同意识形式中的内在的意向性出发"，② 认识到，"尽管它们是自然过程，但它们具有一种特别的特征。这种状态具有一种意向性，这是内在于这种状态之中的"。③ 简言之，内在的意向性就是一种自然过程的固有的第一性的特征，本身就是一种自然现象，不可能再用别的自然科学术语来还原、来解释。它像空间、运动等一样是大脑的第一性的性质。这就是他的意向性自然化的核心和实质。塞尔认为心身、心物之间根本就没有不可逾越的鸿沟，它们是一个连续的整体。

四 瓦雷拉的生成认知观

弗朗西斯科·瓦雷拉（Francisco Varela）是智利著名生物学家、神经科学家、心智科学家和哲学家。他为了回答"为什么涌现的自我，这些虚拟同一性，会在创造世界的所有地方——无论在心智/身体层次、细胞层次或是跨有机体层次上——到处出现？"这一问题，开展了生命—心智—意识的全景式的研究计划。包括生命本性与认知关系的自创生研究、认知主体与环境关系的具身心智和生成认知研

① 塞尔：《心灵、语言与社会》，李步楼译，上海译文出版社 2001 年版，第 53 页。
② 同上书，第 94 页。
③ 同上书，第 93 页。

究、意识研究中第一人称与第三人称关系的"神经现象学"纲领以及一些关键的实验研究等。

具身的（embodiment）是当代认知科学认知观的一个非常重要的概念。瓦雷拉提出的具身心智观主要有两层意思。一是认识要依赖于经验的种类，而经验又来自具有各种感知运动的身体。二是这些个体的感知运动能力自身内含（embedded）在一个更广泛的生物、心理和文化的情境中。也就是说知觉与行为在活生生的认知中是不可分离的。接着，瓦雷拉在具身心智观的基础上更进一步，提出了生成认识理论。即认为认知结构是从身体、神经系统与环境之间再现的感知运动耦合（recurrent sensorimotor couplings）中涌现出来的。① 目前对于生成一词的定义最集中的是"认知扎根于具有自治的自主体（autonomous agents）的意义生成活动中，这是一种积极产生并维持它们自身的存在，因此生成或带出（bring forth）它们自己的意义与价值范畴。"因此对于生成而言，自治又是一个核心概念。自治实际上是强调生物体自我生产的特性。一个生命体系统是一个独立的系统，是封闭运作的。因此，生命系统各部分的相互关系都纯粹地反映生命系统的行动，这种解释是非目的论的。

为了论证其具身心智假说和生成认知理论，瓦雷拉援引了大量的实验研究。例如，说英语的人倾向于夸大接近绿—蓝分界限的那些颜色的知觉距离，而说 Tarahumara 语的人却不是这样。他据此得出结论说：视觉系统不是理性主义者所假设的以预先给予的对象来呈现的，因为认知要有赖于我们的具身知觉能力。同时，视觉系统也不是经验主义者所认为的颜色范畴脱离于我们共有的生物和文化的世界。而另一个由海德和海恩所做的小猫实验也经常被瓦雷拉引用。他们在黑暗

---

① E. Thompson, A. Lutz & D. Cosmelli, "Neurophenomenology: An Introduction for Neurophilosophers", In A. Brook, K. Akins（Eds.）, *Cognition and the Brain: the Philosophy and Neuroscience Movement*, New York and Cambridge: Cambridge University Press, 2005, pp. 40 – 97.

中养了几只小猫，第一组猫让它们正常走动，第二组猫在车架的篮子里由第一组猫拖着走。因此，两组猫的视觉经验是一样的，但第一组猫是主动地看见光，第二组猫完全被动。几周之后，第一组猫行为正常，但第二组猫却看上去像瞎子一样跌跌撞撞的。这一实验足以说明看见不是通过特征的视觉看到，而是通过行动的视觉引导的。

生成认知观主要包括了三大主题：具身性、涌现性和自我与他人共同决定。与以往认识观不同，生成认知不认为认知包括人的主观体验等来自大脑，而是寓于整个生物体中，而生物体又是嵌入其生存的环境之中。认知是跨域了大脑、身体和环境涌现与自组织的过程，同时由自我与他人的动力学共同决定涌现而来的。涌现是人产生心智，对对象世界产生认知的动力和结果。每一次新的认知结论的产生都会改变人的心智认知结构，从而构成更高的认知追求。

瓦雷拉的生成认知观扩宽了心智科学的视野，把活生生的人类经验和内在于人类经验的转化的可能性囊括其中，从一个静态的、抽象的、第三人称的视角转向具体情境中的第一人称的体验，并扩充了日常经验的视野。但是同样也遭到了经典认知科学的非议。一是是否所有的认知活动都可以运用具身—生成取向的概念、方法和工具进行解释？二是具身—生成取向与经典认知科学的概念、方法和工具上是否真的不存在任何相容性？对于这两大问题的回答将会是生成认知观进一步发展的突破口。

第三节　概念起源问题上的新综合论

一　概念起源的天赋理论

有关概念的起源问题，一直以来都是争论的焦点。以往的哲学都理所当然地认为：一个概念就是某类事物的共同性质、特点，是通过对个性分析、抽象、概括以及综合等思维然后达到共性形成的。概念经验论者的基本主张如下：一是知觉优先性假说。即感觉经验在逻辑和时间上都比概念优先。二是概念就是经验的组合，也就是说概念的形成过程就是复制感觉印象的过程。这一理论看似合理，却有很多无法解释的现象。例如：微观物理学中的同属一个类别的任何两个粒子中都找不到共同的东西。也就是说概念所说的共相根本不存在，仅仅是"家族相似"。而大量的儿童心理学实验也论证了概念的形成过程也并非传统意义上的。

这样概念起源的天赋理论重新抬头了。原型论、典型论、定型论带有天赋理论倾向，而信息原子论则是其中的代表理论。原型论的倡导者们主要是一群认知心理学家，当然也有哲学家。原型论认为概念形成是依据事物的典型特征。那么什么是原型呢？根据原型论的最简单的版本，原型只是一连串特征。① 当然对于原型是什么样的实证，不同人的看法也不一样。G. Lakoff 认为原型是心中原始装置，受范畴化的影响，也就是说是形成概念的心理图式。也就是说原型仅是一种心理表征，不是自在的实在。但原型论也有无法解释的问题，比如意向心理现象的构成性等。典型论是对原型论的一种发展，主要观点是：概念虽然不是从个别观念或表征中抽象出来的，但也依赖于个别事例的表征，依赖于组合典型表征而形成。典型论认为，相似于先前经验的典型要比相似于概括了范畴核心倾向的表征更好。有学者提出了典型论的范畴化模型：范畴化就是通过把目标对象与被储存的典型集合相配而完成的。但典型论依然无法解释构成性、意向性等问题。定型论又是对前面两种理论的修正。定型论认为："定型"是关于某类事物典型特征的惯例性的规定，正因为有了定型这一基础，人们才有各种各样的概念。定型论首先将概念还原为心理语词，然后把它看作是关于特征的心理表征，特征又可再次分解为特征，直到不能再分，这个时候的特征就是原始特征了。

信息原子论是福多等人创立的，其理论是对立于以上三种相似性

---

① J. Prinz, *Furnishing the Mind*, Cambridge, MA：The MIT Press, 2002, p. 71.

理论，强调概念不是基于相似性匹配而形成的。福多认为概念是原子性实在，都是没有结构的符号，但概念携带了关于环境的信息，这种信息特殊性使其具有了自己的个体性和同一性。一个概念的最小语义可解释的就是概念本身，概念不能再分解为特征。这一理论认为概念携带信息，而信息又是指向环境的，所以概念就具有意向性。这就很好地解决了以上三种理论的意向性难题。但是它最大的麻烦是无法解释用无结构的心理表征怎么去说明人们如何完成范畴化的。

二 普林兹等人的综合性理论

J. Prinz 和 A. Clark 等人将传统经验论与现当代的天赋理论结合起来，提出了代型论。普林兹说：代型（proxytype）是一个混血儿，是综合所有有关概念的说明而来的。当然，这一理论是对以往理论的综合和创新，更具有解释力。它的基本主张是"概念即代型"，"概念是一种探测机制"。①

普林兹等人认为概念的形成，是因为人心中有代型。代型是一种特殊的知觉表征，存在于人的认知系统的记忆网络中，同时又具有经验性和具体性。代型的对象所表征的既可以是性质、特征，又可以是完整的事物或关系，它们可称为所表征对象的代理。所以，它在没有称为概念之前，只是有成为代型的可能性。正如普林兹所说：能够成为概念形成所用的表征不是记忆网络中全部的信息或表征，而是在工作记忆中被激活被当作一个范畴或一类对象之代表的表征。而一旦有一个知觉表征被当作是这样的代理，那么它就是代型。② 普林兹的代型理论仍有经验论的倾向，这样他就不得不解释与经验无关的一系列概念。普林兹认为他所提倡的是新经验论，并不根本对立于天赋论。例如，新经验论承认有特定认知功能的细胞、儿童生来就有的民间心

---

① J. Prinz, *Furnishing the Mind*, Cambridge, MA: The MIT Press, 2002, p. 314.
② Ibid., p. 149.

理学等。他认为既有有天赋的知识，那么其中肯定有天赋的表征，而这些都有可能成为代型的表征，"概念经验论承认这些类型的天赋表征"①。通过以上对代型的界定，就足以说明那些与后天无关的概念如何形成了。例如，神经元或神经元群天赋地连接在一起，能对相同的事物作出探测或分析，这就可以说明并证明以上观点。

　　另一种综合论的形式是认知语义学所倡导的结构映射理论。代表人物 G. Fauconnier 等认为存在两种概念，一是具体经验的概念，二是抽象的概念。抽象概念是具体概念的转换，具体概念来自具体的经验。转换能够进行是因为存在着结构映射，两个或更多源领域的属性有选择地映射为混合的空间图式。而最一般的形式就是隐喻。这一理论既不同于唯理论，也不同于经验论。唯理论认为概念存在于心中，人们之所以有概念是因为先天的概念被知觉唤醒了。映射论否认了先验概念。经验论认为概念是通过对经验材料的抽象而形成的，映射论却认为是通过转换、结构映射而产生的。②

① J. Prinz, *Furnishing the Mind*, Cambridge, MA: The MIT Press, 2002, p. 195.
② G. Fauconnier and M. Turner, "Conceptual Integration Networks", *Cognitive Science*, Volume 22, No. 2 (April-June 1998), pp. 133 – 187.

第八章

马恩经典著作有关天赋
思想的重新解读

马克思主义经典著作中存在大量有关天赋思想的论述。这些论述有的直接涉及"天赋"、"先天"、"先验"等相关概念，有的在论述"经验论"、"先验论"与"反映论"时表现出来。既包含有马克思主义经典作家对传统天赋理论的批判，同时也有对天赋形式的肯定。

第一节　马克思主义经典作家论天赋

在马恩经典著作中，天赋概念要么是和先天、先验、唯理论联系在一起的，要么与进化论联系在一起。在马克思主义经典著作中，提及"天赋"一词的表述出现了近两百次，能够直接进入天赋理论研究视野的也有几十处。下面将根据其表述内容的不同含义进行分类。

一是对"天赋人权"思想的批驳。这里的"天赋"指的是生而就具有的。马克思主义抨击"天赋人权"不过是资本主义社会的一个维护现有秩序的幌子。因为所谓人生而就有的权利，在资本主义社会里不过是对现有利益获得者的一种自我保护，对于社会的底层来说根本就没有所谓的人权可言。当然由天赋人权还可以推演就有所谓的天赋王权、天赋的国王等。在 20 世纪的西方政治哲学中，涉及两个核心问题，即正义和国家。这些理论都将天赋人权作为不证自明的前提。但是这一前提是否存在？这也是目前政治哲学讨论的焦点问题。

二是承认人有天赋，不过更强调经验的作用。"认识和理解的能力是一般天赋，但这种能力只有通过教育才能发展。"① 马克思主义哲学认为人类的分工最开始的时候是由于天赋而自然产生的分工。这里的天赋与后天没有关系，指的就是人生而就具有某种特征或能力（比如体力），而且"天赋用于使自身完善"②。这里我们可以看到辩证唯物主义哲学承认人有天赋上的差异，即人有天才平庸之分。因此，承认存在天赋并不是什么唯心主义的，而是唯物主义的。

三是认为相对真理的总和就是绝对真理。对于相对真理如何达到绝对真理，列宁在对狄慈根的《漫游》进行抨击时，论证相对真理和绝对真理是可以相通的，不是无法逾越的。狄慈根写道"普遍、无限的知识来自于天赋"，"关于无限的、绝对的真理的知识是天赋的，它是独一无二的唯一的先于经验的知识，但是这种天赋知识还是要由经验来证实的"③。相对真理通过不断地螺旋上升可以发展到绝对真理，这一命题本身是很有问题的，因为到目前为止我们都没有办法论证该论述，证伪度与信息量是息息相关的。

四是在对唯理论、先验主义以及目的论的批判中，对天赋思想进行表述。马克思主义认为观念是从经验中得来的，一切思维领域都是如此，包括纯数学，是由人的需要而产生的。针对黑格尔的"内在目的"以及杜林的反达尔文主义，马恩经典作家坚持进化论的思想，认为是自然选择和生存斗争最后形成了人的观念。"而杜林先生的相反的观点是唯心主义的，它把事情完全头足倒置了，从思想中，从世界形成之前就永恒地存在于某个地方的模式、方案或范畴中，来构造现

---

① 《马克思恩格斯全集》第 26 卷，人民出版社 1972 年版，第 321 页。
② 《马克思恩格斯全集》第 40 卷，人民出版社 1982 年版，第 878 页。
③ 《列宁全集》第 18 卷，人民出版社 1988 年版，第 136 页。

实世界，这完全象一个叫做黑格尔的人。"①

第二节　马克思主义哲学对传统天赋论的批判与借鉴

关于认识的本质、来源及发展问题一直是哲学上思考的核心问题。旧唯物主义的经验论和唯心主义的先验论在这一问题上针锋相对，要么忽视主体的能动性要么夸大其作用。正如马克思所说："从前的一切唯物主义——包括费尔巴哈的唯物主义——的主要缺点是：对对象、现实、感性，只是从客体的或者直观的形式去理解，而不是把它们当作人的感性活动，当作实践去理解，不是从主体方面去理解。……唯心主义却发展了能动的方面，但只是抽象地发展了，因为唯心主义当然是不知道现实的、感性的活动本身的。"② 马克思主义哲学在对以往一切哲学的批判和借鉴的基础上发展起来，在实践的基础上理解认知活动中主体与客体的统一。特别是在《反杜林论》哲学篇中，恩格斯深刻地批判了先验主义形而上学的世界观，并在此基础上全面阐述了唯物主义的反映论和辩证法。在某种意义上，对传统唯心主义的批判就是对传统天赋理论的批判。下面我们一一详述。

一　思维和存在的关系

思维和存在的关系是哲学的基本问题，包括谁是第一性的问题和认识的可能性问题。关于第一个问题，恩格斯提出思维和意识都是人脑的产物，人本身也是自然界的产物，因此存在是第一性的。他批判杜林："这样一来，全部关系都颠倒了：原则不是研究的出发点，而是它的最终结果；这些原则不是被应用于自然界和人类历史，而是从

---

① 《马克思恩格斯全集》第 20 卷，人民出版社 1971 年版，第 38 页。
② 《马克思恩格斯选集》第 1 卷，人民出版社 1995 年版，第 58 页。

它们中抽象出来的；不是自然界和人类去适应原则，而是原则只有在符合自然界和历史的情况下才是正确的。"① 恩格斯进一步论证人的观念都是从经验中得来的，一切思维包括纯数学都是人的需要而产生的。认识就是人们的头脑对外间世界的反映。马克思说："观念的东西不外是移入人的头脑并在人的头脑中改造过的物质的东西而已。"② 这是马克思主义认识论的根本出发点。人脑好比一个加工厂，它的原材料都来自客观世界，意识就是在人脑这个加工厂中对客观材料进行加工后的产品。如果脱离了客观世界，人的头脑里什么也产生不出来。

对于第二个问题，马克思指出只有将"对象、现实、感性"在实践中去理解才能解决认识的可能性问题。马克思说："人的思维是否具有客观的［gegenst·neliche］真理性，这不是一个理论的问题，而是一个实践的问题。人应该在实践中证明自己思维的真理性，即自己思维的现实性和力量，自己思维的狭隘性。关于离开实践的思维的现实性或非现实性的争论，是一个纯粹经院哲学的问题。"③ 人的认识活动以实践活动为前提，实践的不断深入也会不断促进认识的创新。人脑是社会劳动的产物，它具有镜子、照相机以及动物大脑所没有的特殊性能。它不仅能反映外间世界的表面现象，而且能深入地、正确地反映外间世界的本质和它的规律性。人脑的这种深入的、正确的反映是通过实践取得的。这样的认识反过来又帮助人类实践活动取得积极的成果。因此，人类的认识不是对客观世界平静的、呆板的、表面的反映，而是与实践紧密相连的深刻的、能动的反映。人们为了使自己的行动能达到预期的目的，不断地在实践中检验、修改和加深自己的认识。社会实践是历史地发展着的，人类的认识也是历史地发展着的。社会实践不仅改变着客观世界，而且改变着人的主观世界——人类认识的能力。在生产实践和阶级斗争实践的发展中，人们的知识水

---

① 《马克思恩格斯选集》第 3 卷，人民出版社 1995 年版，第 374 页。
② 《马克思恩格斯选集》第 2 卷，人民出版社 1995 年版，第 112 页。
③ 《马克思恩格斯选集》第 1 卷，人民出版社 1995 年版，第 58 页。

平不断提高，生活经验不断丰富，眼界不断扩大，人类的认识能力也不断提高。人类的认识是随着人类实践的发展而不断深化的过程。正如恩格斯所说："人的思维的最本质的和最切近的基础，正是人所引起的自然界的变化，而不仅仅是自然界本身；人在怎样的程度上学会改变自然界，人的智力就在怎样的程度上发展起来。"①

在思维和存在这一问题上，马克思哲学发展了经验的概念，并强调人的理性。恩格斯指出："现代自然科学已经把一切思维内容都来源于经验这一命题以某种方式加以扩展，以致把这个命题的旧的形而上学的界限和表述完全抛弃了。由于它承认了获得性状的遗传，便把经验的主体从个体扩大到类；每一个体都必须亲自去经验，这不再是必要的了，个体的个别经验在某种程度上可以由个体的一系列祖先的经验的结果来代替。"② 对经验一词的细分和明确化消除了经验概念的歧义性，澄清了传统经验论和先验论之争中的概念问题。马克思主义认为感性的经验虽然是知识的来源，但是只是表面的片面的，"是没有反映事物本质的。要完全地反映整个的事物，反映事物的本质，就必须经过思考的作用，将丰富的感觉材料加以去粗取精、去伪存真、由此及彼、由表及里的改造制作工夫，造成概念和理论的系统，就必须从感性认识跃进到理性认识"③。当代天赋理论借鉴了这一经验的概念，并进行发展。

二 时空观和运动观

恩格斯在《反杜林论》第五章中，分析了杜林时空的无限性的观点。他在对杜林"没有矛盾加以思考的无限性的最明显的形式，是数在数列中的无限积累"时空观进行批判的同时，提出："因为一切存在的基本形式是空间和时间，时间以外的存在像空间以外的存在一样，是

---

① 《马克思恩格斯选集》第 4 卷，人民出版社 1995 年版，第 329 页。
② 同上书，第 365 页。
③ 《毛泽东选集》第一卷，人民出版社 1991 年版，第 291 页。

非常荒诞的事情。"① 那么时间是如何存在的呢？杜林说时间是由于变化而存在，同时还存在不发生任何显著变化的时间。恩格斯批判道："如果世界曾经处于一种绝对不发生任何变化的状态，那末，它怎么能从这一状态转到变化呢？绝对没有变化的、而且从来就处于这种状态的东西，不能由它自己去摆脱这种状态而转入运动和变化。"② 最终在寻找推动力的过程中陷入了神秘主义。

马克思主义认为时空是客观事物存在的形式和属性，运动是物质存在的方式。"无论何时何地，都没有也不可能有没有运动的物质。……任何静止、任何平衡都只是相对的，只有对这种或那种确定的运动形式来说才是有意义的。"③ 恩格斯否定了机械运动的形而上学观点，提出了运动形式的多样性以及辩证的动静观。运动和物质之间的关系还被科学的发展所证实。他说："世界不是既成事物的集合体，而是过程的集合体。"④ "整个自然界，从最小的东西到最大的东西，从沙粒到太阳，从原生生物到人，都处于永恒的产生和消失中，处于不断的流动中，处于不息的运动和变化中。"⑤ 运动是一切物质的运动，因此离不开物质的载体。同样作为人类的精神活动也离不开人脑这一物质。

具体而言时空也是神经系统存在的形式和属性，是人的认识能力存在的形式和属性，是对客观事物加工处理的方法和形式。而人的认识的形成需要一定的天赋形式，包括时空形式、材料加工形式和抽象推理形式。现代科学研究表明，不仅仅是人的逻辑思维、认识能力有天赋形式的存在，形象思维、情感及意志等都有天赋形式。而这些天赋形式本身是如何形成，及其对人的思维到底起多大作用正是现代脑科学、神经科学诸学科研究的中心课题。马克思主义哲学关于时空观运动观与当代天

① 《马克思恩格斯选集》第 3 卷，人民出版社 1995 年版，第 392 页。
② 《马克思恩格斯全集》第 20 卷，人民出版社 1971 年版，第 58 页。
③ 同上书，第 65 页。
④ 《马克思恩格斯选集》第 4 卷，人民出版社 1995 年版，第 244 页。
⑤ 同上书，第 270 页。

赋理论并不矛盾。

三 生命的起源与本质

马克思主义的诞生融合了 19 世纪自然科学的最新成果。其中，细胞学说、能量守恒和转化规律、达尔文进化论为唯物主义和辩证法提供科学实证基础。在《自然辩证法》的导言中，恩格斯详细论述了自然界从原始的星云粒子进化到人类的历史过程。什么是进化呢？是量变渐变，还是质变呢？飞跃是质变，是一种运动形式转化为另一种运动形式的决定性环节。恩格斯说："在生命的范围内，飞跃往后就变得越来越稀少和不显著。"① 对生命的起源及本质，恩格斯根据当时生物学和化学的成就，提出："生命是蛋白体的存在方式，这种存在方式本质上就在于这些蛋白体的化学成分的不断的自我更新。"② 生命的主体是蛋白质，生命运动的表现是物料交换。大脑的进化是与生物的进化同步的，社会文明的进化需要生物进化作为前提。

在生命观上，马克思主义坚持进化论的思想，消除了生命问题上的神秘主义。恩格斯批判杜林的断言"本能的感觉主要是为了与它们的活动有关的满足而被创造的"，认为它将黑格尔的"内在的目的"运用于有机界，即"不是被一个有意识地行动着的第三者（也许是上帝的智慧）纳入自然界，而是存在于事物本身的必然性中的目的"③。在这里，恩格斯反对传统的形而上学的目的论，认为物种是通过自然选择、适者生存而发生变化。

马克思主义在人类起源问题上坚持达尔文的进化论，认为在劳动的过程中双手不断地进化灵活，促进了大脑的不断进化。经过漫长的劳动过程，人类产生了。恩格斯指出：人是生物进化的最高产物，"从最初的动物中，主要由于进一步分化而发展出……这样一种脊椎

---

① 《马克思恩格斯选集》第 3 卷，人民出版社 1995 年版，第 406 页。
② 同上书，第 422 页。
③ 《马克思恩格斯全集》第 20 卷，人民出版社 1971 年版，第 73 页。

动物，在它身上自然界达到了自我意识，这就是人"①。在从猿到人
的过程中，环境的变化、直立行走及人的劳动起了关键性作用。意
识、语言和自觉能动性也是在不断的进化过程中发展起来的。

通过上面的分析可以看出，马克思主义哲学在进化论的观点上与
当代天赋理论并不矛盾，这里只是对传统天赋理论中的唯心主义和神
学目的论的批判。

四　真理观和平等问题

在《反杜林论》中，恩格斯批判了杜林所谓的终极的真理、思维
的至上性、认识的绝对可靠性等，认为："思维的至上性是在一系列非
常不至上地思维着的人中实现的；拥有无条件的真理权的认识是在一系
列相对的谬误中实现的；二者都只有通过人类生活的无限延续才能完全
实现。"② 真理性的认识总是在不断地完善，人的认识是相对的。"真理
和谬误，正如一切在两极对立中运动的逻辑范畴一样，只是在非常有限
的领域内才具有绝对的意义。"③ 这种相对性是指在历史的长河中，真
理性知识总会受到一定的主客观条件的限制。那么相对真理和绝对真理
能否相通呢？马克思主义哲学认为两者是相通的，不是无法逾越的。

对于平等问题，马克思主义认为平等是一个历史发展的产物，是
具体的，并不存在所谓抽象的平等。恩格斯说："一切人，作为人来
说，都有某些共同点，在这些共同点所及的范围内，他们是平等的，
这样的观念自然是非常古老的。"④ 从这古老的观念出发，人类不同
的历史时期对平等的定义和要求都在发生变化。但是平等不等于没有
差别。"在国和国、省和省、甚至地方和地方之间总会有生活条件方
面的某种不平等存在，这种不平等可以减少到最低限度，但是永远不

---

① 《马克思恩格斯全集》第 20 卷，人民出版社 1971 年版，第 373 页。
② 《马克思恩格斯选集》第 3 卷，人民出版社 1995 年版，第 427 页。
③ 同上书，第 431 页。
④ 同上书，第 444 页。

可能完全消除。"① 平等的实现程度也受到生产力发展水平的限制，"权利决不能超出社会的经济结构以及由经济结构制约的社会的文化发展"②。具体而言，如何衡量平等呢？个体在体力、智力上本身是不一样的，用平等的权利去确定就是不平等的；个人的天赋以及工作能力上有差异以及他们的社会背景例如结婚与否、子女多少等的差别。马克思说："要避免所有这些弊病，权利就不应当是平等的，而应当是不平等的。"③

在平等观上，马克思主义哲学认为人与人之间存在天赋上的差异，人天生就具有某方面的能力，这是平等的前提条件。在真理观上认为普遍的绝对真理是可以通过人的认知能力的不断提高而不断接近的。这些既是对传统天赋理论的天才观的批判否定，也是对合理因素的借鉴。

五　认识的天赋形式

马克思、恩格斯虽然批判了先验论，但从不排斥认识的天赋形式，而是充分肯定天赋形式的重要作用。"如果没有人，那么人的本质表现也不可能是人的，因此思维也不能被看作是人的本质表现，即在社会、世界和自然界生活的有眼睛、耳朵等等的人的和自然的主体的本质表现。"④ 马克思接着说："人是自我的［selbstisch］。人的眼睛、人的耳朵等等都是自我的；人的每一种本质力量在人身上都具有自我性这种特性。但正因为这样，说自我意识具有眼睛、耳朵、本质力量，就完全错了。毋宁说自我意识是人的自然即人的眼睛等等的质，而并非人的自然是自我意识的质。"⑤ "对象如何对他说来成为他的对象，这取决于对象的性质以及与之相适应的本质力量的性质。"⑥

---

① 《马克思恩格斯选集》第 3 卷，人民出版社 1995 年版，第 325 页。
② 同上书，第 305 页。
③ 同上。
④ 马克思：《1844 年经济学—哲学手稿》，人民出版社 1985 年版，第 135 页。
⑤ 同上书，第 121 页。
⑥ 同上书，第 82 页。

恩格斯说："什么是光，什么是非光，这取决于眼睛的构造。"① 列宁也认为："如果颜色仅仅在依存于视网膜时才是感觉（如自然科学迫使你们承认的那样），那么，这就是说，光线落到视网膜上才引起颜色的感觉；这就是说，在我们之外，不依赖于我们和我们的意识而存在着物质的运动，例如，存在着一定长度和一定速度的以太波，它们作用于视网膜，使人产生这种或那种颜色的感觉。自然科学也正是这样看的。"②

通过以上有关马克思主义哲学中天赋思想的论述，我们不难看出马恩经典作家对于认识的天赋形式给予了充分的肯定。首先，认为认识器官，感觉器官（六感）和思维器官（大脑）都是自然的结构，这些自然结构对人的思维的产生起到了关键性作用。其次，人的感觉以及思维能力是人的本性，是一种天生的能力。再次，认为人的认识需要依赖于天赋形式，人的实践也依赖于天赋形式。当然马克思主义认识论所说的天赋形式与天赋概念是有本质区别的。

神经系统是生物体与环境之间相互作用发展的结果，这一结果还沉淀下来作为人的基本特性一代代遗传下去。所以不存在所谓目的论，而只是主客体相互作用的结果。那么认识的天赋形式不过就是大自然的特殊性质而已。

---

① 《马克思恩格斯全集》第20卷，人民出版社1971年版，第631页。
② 《列宁选集》第2卷，人民出版社1995年版，第50页。

第九章

当代天赋理论合理因素与
马克思主义哲学的融合互补

马克思主义理论本身具开放性，一直在不断借鉴自然科学、社会科学及思维科学的优秀成果来丰富和发展自己。在中西马哲对话已成为可能并且日趋频繁的今天，亟须借鉴天赋理论当代发展的合理因素推动马克思主义哲学，将经典作家因时代局限没有意识到或意识到而没有讲出来的思想表达出来，以此推动中西马哲的深入交流，促进现代哲学创新。

第一节　马克思主义认识论的困境

马克思主义哲学作为一种唯物主义学说，主张认知的实践反映论。唯物主义反映虽然克服了以往经验论和先验论的缺陷，具有合理性。但是随着哲学研究的深入，实践的反映论的解释域越来越小，迫切需要吸收新的成果以提高其理论普适度。

一　观察的客观性问题

一般认为科学始于观察，而观察和实验所获得的是科学研究及科学理论的可靠基础。但是"观察渗透着理论"这一命题的出现在科学界产生了不小的骚动。因为该命题将会使科学认识面临着无穷倒退的困境，科学研究的客观性受到了极大挑战。"观察渗透着理论"指我们的任何观察都不是纯粹客观的，具有不同知识背景的观察者观察同一事物，会得出不同的观察结果。一句老话"公说公有理婆说婆有理"似乎在这里可以得到充分的论证。确实，由于观察者自身的生活、学习、环境都不同，那么他们的感受肯定有不同，最后得出的结论也会不一样。同样在科学实验中，研究者也不可能得到真正客观的数据。因为在研究之前就有一个基本的思维模式或范式存在，理论就不可能是建立在客观的真实基础之上的。现在虽然人们对这一理论本身还存在各种不同的见解，不可否认观察依赖于理论，理论决定了观察的目的和对象、观察到什么并提供了观察语言。这就说明观察并不纯粹。

接下来的问题是认识是如何做到对外间世界的反映的？"辩证法就归结为关于外部世界和人类思维的运动的一般规律的科学，这两个系列的规律在本质上是同一的。"[1] 唯物主义反映论的观点就是人类的思维在实践中认识世界，最终上升到理论高度即"客观规律"，也就是说人类思维是对外部世界的反映。接下来的问题是"客观规律"和"主观规律"是否能达到同一？如果观察渗透着理论，那么我们的思维又怎样能够真实地反映客观世界呢？

另外一个量子力学的"海森堡测不准原理"也使主体和客体之间的界限模糊了。该原理表明：一个微观粒子的某些物理量（如位置和动量，或方位角与动量矩，还有时间和能量等），不可能同时具有确定的数值，其中一个量越确定，另一个量的不确定程度就越大。其中粒子位置的测量必然地扰乱了粒子的动量；反过来说也对，粒子动量的测量必然地扰乱了粒子的位置。不确定性原理实际上是观察者效应的一种显示。当然"观察者效应"本身就有很多误会，容易产生歧

---

[1] 《马克思恩格斯选集》第4卷，人民出版社1995年版，第243页。

义。但我们还是可以从中看到，任何观察的结果都只是观察者与被观察者所在的大系统的结构属性而已，而并不存在纯客观的，与主观没有任何关系的所谓"客观知识"。相对来说，客观性只有在主体与客体的相互关系中显现出来，认识不再是主体对客体的反映，因为不存在绝对的客体。因而能动的反映论不足以说明人类复杂的认知过程，马克思主义认识论需要不断改进。

二　能动的反应如何实现

马克思主义哲学认为，认识是在实践的基础上，主体对客体的能动的反映。人的认识活动既不能脱离被认识的客观对象，也不能脱离认识主体的主观能动性。主观能动性是人区别于其他动物的一种特有属性，特指人的能力和活动，也叫自觉能动性。马克思说："蜜蜂建筑蜂房的本领使人间的许多建筑师感到惭愧。但是，最蹩脚的建筑师从一开始就比最灵巧的蜜蜂高明的地方，是他在用蜂蜡建筑蜂房以前，已经在自己的头脑中把它建成了。"① 事实上，人的认识总是表现为主体用现有的认识框架同化外部对象，或通过调整概念框架去适应客观对象的过程。这种认识结构或框架并不是先验地存在的，而是无数次重复的实验活动结果在人脑中观念内化的产物。马克思主义的能动反映论批判了先验论，将实践观引入认识论。

那么什么是能动的反映呢？北师大杨耕教授指出，思维的建构性也就是人在实践基础上以主体的方式对客体的能动反映过程。一方面，自在客体决定着观念客体；另一方面，主体特有的生理、知识、社会的实践方式又决定着自在客体向观念客体转化的广度和深度，主体拥有对客体特定的选择、理解和解释方式。思维的建构是指思维通过概念范畴关系把自在客体转化为观念客体的过程，是指思维通过由

---

① 《马克思恩格斯全集》第 23 卷，人民出版社 1972 年版，第 202 页。

抽象到具体，并形成"先验的结构"的方式去把握世界。①

这里还有一个问题，就是思维能动的反映的实现途径问题。主体能动性是通过什么方式展现的呢？要说明思维与存在在什么角度、层次、范围，以什么方式途径达到统一，仅仅通过实践的概念很难说明问题，起码就思维本身来说。思维反映存在揭示的是思维的内容，思维如何反映存在揭示的是思维反映存在的形式、尺度、取向。马克思主义认识论认为思维对存在的反映不仅通过实践及其主体和客体的相互作用，而且通过思维自己构成自己的形式来进行。对于思维能够构成自己以及如何构成自己这一问题，马克思、恩格斯"忽略"掉了。后来马克思、恩格斯自己也意识到："对问题的这一方面……我觉得我们大家都过分地忽略了。这是一个老问题：起初总是为了内容而忽略形式。"② 马恩经典作家列宁弥补了这一"忽略"，他重新解释了黑格尔的"思维自己构成自己道路"的思想。这就成为马克思主义哲学中非常重要的一个议题，也为后来现代哲学关注思维自己构成自己指明了方向。

现代人类学、发生认识学、儿童心理学以及人工智能的研究表明，思维确实是自己构成自己的，它有自身的内在矛盾，内在发展逻辑，是一个典型的自组织过程。因此，要从对实践认识的第一层次的研究跨入思维内在矛盾运动的第二层次的研究，这是现代实践、科学和哲学本身的发展对认识论提出的更高的要求，也是马克思主义认识论发展的必然要求。现代认识论表明，人对世界的认识是有坐标系的，是有方向的。即不同主体对客体的理解和解释都受到自己独特的知识、背景、认知、图式、思维框架、概念结构的制约，因而都有自己特殊的认识坐标。思维要发展，就必须打破原有的概念、判断、推

---

① 杨耕：《为马克思辩护——对马克思哲学的一种新解读》，北京师范大学出版社2004年版，第214页。

② 《马克思恩格斯选集》第4卷，人民出版社1995年版，第727页。

理系统，要对思维本身进行反思。①

另外，如果世界是一元的物质世界，意识又是如何反作用于物质呢？意识的能动作用如何体现呢？这些都是马克思主义认识论急需解决的问题。这样思维与存在之间的一般关系研究进入具体关系的研究中，正是马克思主义哲学发展的关键所在。

三 主客体如何相互作用

中央党校毛卫平教授指出："认识论的发展经历了三个阶段：'从客体入手来研究认识论的阶段；从主体入手来研究认识论的阶段；从主客体统一性入手来研究认识论的阶段。'（朱德生、冒从虎、雷永生：《西方认识论史》）今天认识论关心的中心问题已不再仅仅是满足于主客体的统一，而是在此基础上如何更多更快地认识世界，并把这种认识成果运用于实践以获取社会效益，解决这一问题的基本途径是认识的社会化。故认识论研究应进入新的阶段：社会认识论阶段。"

康德在《纯粹理性批判》一书中阐述了人获得知识的来源及机制。他认为知识中既包含有经验的内容也包含有心灵的形式，是这两者共同作用的结果。所以，我们看到的、听到的、认识到的一切，都已经打上了主观框架的烙印，都只是"现象"而不是它们本身。那么现象背后的"物自体"究竟是怎样的呢？对于这点我们并不知道，所以只能将它们本身称为"物自体"。康德认为我们不能武断地说，我们发现了这个世界的本来面目。因此，马克思主义认识论认为人可以通过实践认识真理，并通过实践检验真理，似乎有点牵强。因为人不可能达到绝对真理，只能是相对真理，人不可能穷尽整个世界的本来面目。

那么主体是如何认识客体的，如何达到主客体的统一的呢？我们

---

① 杨耕：《为马克思辩护——对马克思哲学的一种新解读》，北京师范大学出版社2004年版，第225页。

如何处理我们自身思维与外部世界的相互作用呢？"具体而言之，在论述世界的统一本质时，马克思主义坚持的是世界的物质统一性原则，而在具体分析意识的表现形式，尤其是意识的能动的反作用时，马克思主义的观点似乎被解读为属性二元论，即认为，马克思主义意识论把意识看作是不同于其他物质属性的独立的精神属性，不这样理解，似乎就陷入了还原论。"①

当代的脑科学、神经科学以及人工智能、进化论等科学也为马克思主义认识论提供了更多反例，同时也促使认识论向更深更广的层次发展。天赋问题只是认识论中的冰山一角，曾经被唾弃，现在重新审视天赋问题时发现，其中不乏合理性，同时对马克思主义认识论所面临的困难有很好的解释力。而翻开马恩经典原著，马克思、恩格斯都并没有否定天赋，反而强调了进化以及天赋的作用。这使我们不得不对天赋问题重新研究并给予科学评价。

第二节　借鉴天赋理论当代发展的合理因素
丰富和发展马克思主义哲学

天赋理论的当代发展，尤其是对认知中天赋因素的挖掘以及有关心灵本质的理解，将在一定程度上弥补马克思主义哲学的某些短处，并促使马克思主义在天赋理论当代发展作出新的回答。而马克思主义哲学中有关"心"、"心灵"的认识必将有一个全新的整合。

一　语言天赋理论对传统语言观的发展

马克思主义哲学非常重视语言的研究，认为："'精神'从一开始就很倒霉，受到物质的'纠缠'，物质在这里表现为振动着的空气

---

① 高新民、刘占峰等：《心灵的解构——心灵哲学本体论研究》，中国社会科学出版社 2005 年版，第 426—427 页。

层、声音，简言之，即语言。语言和意识具有同样长久的历史；语言是一种实践的、既为别人存在因而也为我自身而存在的、现实的意识。语言也和意识一样，只是由于需要，由于和他人交往的迫切需要才产生的。"① 这段话可以从以下几个方面理解。一是语言产生是人类发展的需要，也是进化过程；二是语言产生之后成为人的一种实践活动影响着我们的思维。但是究竟自然语言和思维之间是一种怎样的关系，马克思主义哲学并没有明确指出。另外，更深一层的问题，如语言的内在机制以及意识的载体等都没有明确回答。

语言天赋论正好回答了马克思主义哲学有关语言观没有解答的问题，并详细说明了思维与语言之间的互动关系。思维与语言的关系是一个过程，有从思维到言语的运动，也有从言语到思维的运动。因此，思维不是在言语中表现出来的，而是在言语中实现出来的。

二　模块理论对科学客观性的解答

相对主义整体论的一个论据就是"观察渗透着理论"。一般认为观察多少能把握事物的某些特质。如查尔默斯所说："两个正常的观察者在同一地方观看同一物体或景色，将'看到'同一东西。同样一组光线射在每个观察者的眼睛上，被他们正常的晶体聚焦于他们正常的视网膜上，产生同样的映像。然后，同样的信息将通过他们正常的视神经传到每个观察者的脑，结果是两个观察者'看到'同样的东西。"② 然而，事实是如果两个不同的观察者在同一方位观察同一个物体时，那么他们可能得到的是不一样的视觉经验。观察者的视觉经验也要依赖于他过去的经验以及他的信念。另外知觉渗透着认知：例如格式塔，可以实现知觉的连贯性。这样就没有办法证明科学知识的真实，只是相对主义的。

---

① 《马克思恩格斯选集》第 1 卷，人民出版社 1995 年版，第 81 页。
② 查尔默斯：《科学究竟是什么》，邱仁宗等译，商务印书馆 1982 年版，第 35 页。

　　福多的模块理论认为输入系统具有模块性，不受外界影响，也不受主体愿望信念的影响，具有独立性。福多说："如果知觉过程是模块，那么根据定义，不可进入模块的种种理论就不会影响知觉把握世界的知识。尤其是，背景知识极为不同的观察……也会以实际相同的方式看世界。"① 也就是说，观察者如果按照各自的知觉结构去观察相同的事物，那么就会得到可观的看法。因此，福多认为相对主义整体论忽略了人性中固定的某些结构。

　　那么关于"观察渗透着理论"所导致的无限后退又该如何解释呢？波普尔的回答是："'哪个在先，是假设（H）还是观察（O）'这个问题是可以回答的；就像'鸡（H）和蛋（O）哪个先有'这个问题一样。对后一个问题的回答是'一种较早的鸡蛋'；对前一个问题的回答是'一种较早的假设'。诚然，我们选择的任何特殊假设在它前面都将有过一些观察——诸如它打算解释的一些观察。但是这些观察反转来又预先假定已经采纳了一种参考框架，一种期望的框架，一种理论的框架。如果这些观察是值得注意的，如果这些观察需要加以解释，因而导致人们发明一种假设，那是因为这些观察不能在旧的理论框架、旧的期望水平上加以说明。这里不存在无穷倒退的危险。如果追溯到越来越原始的理论和神话，我们最后将找到无意识的、天生的期望。"② 这里，我们看到波普尔用先天来解释无限后退的理论难题。不过是用生物进化的方式解释了先天知识的来源——遗传，消除了先天知识的神秘性。进化认识论就是这样试图通过进化来解释我们知识的先天结构。

　　心灵的模块性理论肯定了科学的客观性，为我们获得客观性知识提供了支撑。

---

　　① J. Fodor, "A Obervation Reconsidered", *Philosophy of Science*, No. 4, 1984, pp. 23 - 43.

　　② 卡尔·波普尔：《猜想与反驳》，傅季重等译，上海译文出版社 2005 年版，第 67 页。

三 进化认识论对意识来源的深化

进化认识论就是把人类认识能力放在生物进化论的框架下，即人类种系进化的框架内来研究、理解和说明，是探究人的认识结构进化的起源以及适应客观现实的可能性的进化机制。在马克思主义经典作家那里，对象（外部世界）的存在不仅仅是认识活动的前提，而且是已经证明的事实，我们的认识不过是对外界客观世界的反映。不过进化认识论却把客体的客观存在当作是一种假设，因此现实世界是部分可知的。

在认知能力的发生问题上，进化认知论认为认知活动实际上是任何有机体都具有的活动，这是自然进化的结果。而人之所以比动物在认知结构上要复杂，是因为不同种类在认知能力上有差异。而人类认知能力在种系进化意义上都不是先天的，是人类适应现实漫长斗争中获得的。但是个体在获得自身认知能力的过程中却有"先验"成分。因为一个人的认知能力离不开他的祖辈遗传或者整个人类意识流的影响，这些都是先天的。因为有关环境信息被编码到遗传物质，通过遗传就可以得到外部世界的信息，这样通过进化就构成了人的"类理性装置"。另外，在人类产生后，语言和文化同样成为推动认知形成的重要推手。而文化进化促使选择除了生存外，还有其他的特征，比如文化能力会对生物进化产生选择性压力。

四 知识科学对能动的反映方式的探讨

要解决思维如何构成自己的问题，首先要对思维本身进行界定。思维是什么？马克思、恩格斯对意识、思维的表述可以归纳如下：意识是物质世界发展的最高产物；意识是人脑的机能或属性或运动形式；意识是外部世界的反映；意识对人脑、外部世界有反作用。

大脑产生了意识、思维，大脑又是如何产生意识和思维的呢？在人脑进化的过程中，起关键作用的是什么？意识通过什么方式反作用于环境？知识科学尤其是神经网络、人工智能等试图解开智能之谜。作为反映的意识，可以表现为过程或活动，而这种过程或活动并不是非物质精神的活动，其实就是大脑皮质的活动。反映还可以理解为大脑活动过程的结果，例如思维后所形成的想法，知觉过程所产生的表象等。

五 具身认知论对主客体相互作用方式的回答

现代认识论早已打破思维的简单二维结构，即主体与客体。它们之后还有一个观念客体，由自在客体和思维结构共同决定。思维的建构过程是主体以自己的思维结构去选择客体，然后形成对外界的认知——观念客体。这样主体就拥有了对客体特有的选择和解释方式，不过其选择性既有能动性又有受动性的一面。

具身认知论认为心智、身体和环境是一个一体化的系统，因此主客体之间的相互作用从人诞生那刻起就一直存在着。心智嵌入大脑中，大脑嵌入身体中，身体嵌入环境中，没有脱离客体的主体，也没有脱离主体的客体，它们是一体的。这是对马克思主义哲学中人与环境的关系论述的深入。

而关于心与物的关系问题，新量子力学理论认为心和物就像是硬币的两面，共同起源于量子实在。因此，心与物是伙伴与整体性的关系，心物是同一的。这样一来，以往有关心物关系的冲突斗争就可以化解了。

当代天赋理论研究已经摆脱了神学先验理论的束缚，从科学的角度分析讨论天赋问题。从神经科学的研究可以看出天赋不过是倾向，在与后天环境的作用中成长起来，是与人的信念愿望隔离开来的潜在的天赋。马克思主义哲学对于心理模块性问题、认识整体性与天赋之间的关系问题等都少有涉及，研究的深入对于发展马克思主义哲学具有重大意义。

第十章

当代天赋理论的反思与启示

　　天赋理论在认知科学中一直是一个有争议的理论。其争论的问题是：各种认知机制、认知过程、认知能力及认知观念是否在某种程度上是天赋的，天赋的表现形式是什么。而有关天赋论的争论已经多元化，因为融合了不同学科在心智探讨中不同的研究方面。对天赋理论的讨论可以说涵盖了所有的领域，从心理学、语言学到动物行动学、神经科学，从伦理学到计算科学等。因此，对天赋理论的批判不仅来自哲学内部，批判之声也从它渗透的这些领域不绝传来。绝大多数反对者们肯定某些天赋形式，但强调后天的作用。也有反对者们站在天赋论的反面，提出反天赋论。

第一节　对当代天赋理论的批判

　　哲学家詹尼·理查兹曾对先天与后天的争辩作了以下评价："如果你详细地追踪任何一个有关反对方在这场争论中应该已经说了什么的主张，你也许会相当震惊：他们错误地引用对方观点的情况非常严重，引用常常脱离语境，对对方说过的话做最坏的阐释，公然的误解盛行。"①

具体而言，不同领域对天赋理论的批判各有特点，表现如下：

一 来自哲学内部的责难

天赋理论有时被认为概念过于模糊而无法证伪，无法用准确的标准去断定某个行为是天赋的。正如杰弗里·埃尔曼等人在《天赋论反思》中指出：目前对于在基因中先天信息如何确切地被编码还不是十分清楚。另外，当代天赋理论在可测或可证伪方面的预测做得很少，因此被经验论者比作"伪科学"或者被打上了"心理神创论"的标签。著名心理学家罗迪格（Henry L. Roediger Ⅲ）曾指出："乔姆斯基实际上是一个理性主义者，他根本没有使用任何形式的实验分析数据来分析语言，甚至可以说他对实验心理语言学毫无兴趣。"② 经验论者认为尽管天赋观念并不是一个意义十分明确的概念，但是天赋论者们基本上有两个非常明确的态度。一是认为心智天生的能力是领域特殊的，经验论者提出在任何领域的学习都是以最普遍的相同的学习策略为基础的。但是天赋论者认为在某些领域，学习必然由特殊作用机制所促进。二是认为精神世界的获得永远无法解释。经验论者认为心灵的供给是一个自然的过程，至少在原则上是能够严格科学的解释。天赋论认为我们如何获得信念和观念依然非常神秘。

考伊认为天赋论的观点是错的，是两个完全不同并可能不一致的心灵论断的结合体。他批判某些天赋论者所断言的：某些观念、信仰和能力都是先天的或与生俱来的，心灵天赋而非获得。经验论者假定中立域学习策略，天赋论者坚持某些学习任务需要特殊的技能，并且这些是出生就与我们的大脑紧密相连的。这种"功能假说"在乔姆斯基那里找到了现代解释。考伊结合最近发展心理学、心理语言学、

---

① 参见 J. Radcliffe-Richards, *Human Nature after Darwin*, Routledge, 2000。
② 参见 R. Roediger, "What happened to Behaviorism", *American Psychological Society*, 2004。

计算机科学以及语言学的实证对乔姆斯基天赋理论作出了清晰及时的批判，并对语言获得天赋倾向进行辩护。

某些研究者认为语言天赋论的前提是过时的或者说是欠考虑的。例如，天赋论至少部分地受到这样的观念的影响，即从经验中获得的统计推断不足以解释人类发展中语言的复杂性。某种程度上，这是对行为主义及行为主义模型缺陷的一个反应。行为主义模型认为复杂难懂的语言可以轻松习得。事实上，有些天赋论者受到乔姆斯基思想的启发，即儿童不可能在特定接受语言的基础上学会复杂的语法，因此必须有一个先天的语言学习模块。最近几十年随着复杂性理论以及博弈论的发展，极其复杂的系统可以包含少量的预编程规则也越来越明显。许多经验论者也开始尝试用现代学习模式和技术去解决语言习得中的问题，取得了一些成绩。基于相似性概括是其中一项研究成果，认为儿童之所以能够很快地掌握新词是因为他们概括使用他们所知道的相近词。①

柏奇不否认天赋的心理状态、能力、倾向的存在及其作用。他说："的确可以构想这样的假设性的事例，在其中，关于世界的视觉规律是不同的……因此携带着不同知觉信息的不同知觉概念是先天的，或普遍地获得的。"② 但是由此并不能得出结论说：人的知觉概念以及在此基础上所出现的语言表达式的意义是由人的心理结构独自决定的。因为一方面，即使两个人的身体、心理结构完全相同，但他们视觉经验的知觉内容可能是不同的，进而他们表达客观知觉属性的语词的意义也可能是不同的。另外，即使人的心理能力、语言能力有天赋的一面，因此其语言的意义可能有受天赋因素决定的一面，但是天赋的东西本身又是由我们的祖先在与世界打交道的过程中形成的，

---

① S. McDonald and M. Ramscar, "Testing the distributional hypothesis: The influence of context on judgements of semantic similarity", In *Proceedings of the 23rd Annual Conference of the Cognitive Science Society*, 2001, pp. 611 – 616.

② T. Burge, "Wherein is Language Social?", in C. A. Anderson et al. (eds.), *Propositional Attitudes*, Stanford University: CSLI, 1990, p. 119.

天赋的东西本身是由人与世界的关系而个体化的。他说："主张某些概念和意义以非个体主义方式而个体化这一观点与主张这些概念和意义是天赋的这一观点是一致的。环境在决定心理类型上的作用既发生在物种的进化之中，又发生在个体的经验历史之中。"①

有人认为进化论的解释限制了我们的自由意志，因为进化论似乎意味着我们的行为方式是自然倾向的。J. Mizzoni 写道：有些道德哲学家比如托马斯·格尔认为进化论的思考与充分理解道德的基础无关。另一些道德哲学家如阿麦却认为对人类起源进化的认可使我们不得不承认不存在道德的基础。来自道德哲学的批判指出不论行为特征是否是遗传的都不影响其是否被个体的文化或自主选择所改变，不论进化倾向存在与否在道德和政治讨论中都置之不理。勒达·科斯米德和约翰·托比认为人类比动物有更多的"本能"，而且更多的自由行动来自更多的心理本能。

动物觅食的一整套动作程序有些是与生俱来，有些是后天学习而来。有些病例中，人会看会辨认会归类，在感知归类和泛化方面都没问题，但没有掌握抽象概念的能力，毫无想象力。说明这些人在幼年的时候丧失了观察和学习的机会。虽然语言有内在倾向，但幼年期的学习练习非常重要。动物也会发出一到几种不同的声音，来对环境作出反应。但是这些声音很像人类的发音单位。音素也都是无意义的，不过组合后有意义。这就是至今无法解释由猿到人的进化中，如何超越从无意义的音素到组合有意义的声音。②

针对种种责难，心理学家对儿童如何获得认知他人意图的能力做了相应的研究，提供了有关天赋理论的论证。心理学家中的经验论者认为儿童是通过观察学习旁人而知觉其意图，天赋论者则认为儿童一

① T. Burge, "Wherein is Language Social?", in C. A. Anderson et al. (eds.), *Propositional Attitudes*, Stanford University: CSLI, 1990, pp. 119 – 120.

② 参见威廉·卡尔文《大脑如何思维：智力演化的今夕》，杨雄里、梁培基译，上海科技出版社 2007 年版，第三章。

出生就具有某种知觉意图的能力。心理学家们对出生不久的婴儿进行观察实验，发现 9 个月大（或更早时期）的婴儿就有了知觉特征的敏感性，表明有对他人意图的分辨之可能。建构主义者认为儿童获得认知他人意图是在经验互动情况下，通过获取知识能力的过程中逐渐发展起来的。而带有天赋论倾向的梅尔佐夫（A. Meltzoff）和布鲁克斯（R. Brooks）则认为儿童一生下来就有了特定的起始状态，即能分辨他人有意图能力的先天基础。正是因为有了这些先天基础，所以儿童才在后来发展了这一能力。当然这种能力不是固定不变的，而是可以改变和重塑的。可以随着后来的发展以及社会互动中的实践的变化而发展变化。他们认为只有承认婴儿有这种先天的能力，才能解释儿童为什么这么早、这么自然地形成他们的推理能力，同时还能解释新生儿为什么能模仿别人的行为。他们说，儿童的这种模仿能力在出生时依赖于行动层面的自己和他人之间的映射。到了 18 个月时，这种映射就会在目的层面出现，即将他人的目的映射为自己的目的。他们还论证说，婴儿的早期模仿中存在着这样一种关键性的因素，即认为外物都有"像我"一样的特点。这一特点在后来的目的推论和社会认知中，便表现为一种将他人的行为看作像我的行为一样的能力倾向。既然儿童能认识到自己的行为总是与目的、意向等联系在一起的，因此他们后来便能发展出这样的能力，即从所看到的他人的行为中推论出它们后面的目的、意向。①

戈德曼（A. Goldman）的模仿论也有这种天赋论的倾向。他认为，儿童生下来就有直接知觉的能力，有内省的能力。由于有这些能力，儿童就能对心理状态作出第一人称的归属，即在什么情况下，把自己的某心理状态与某行为关联起来，或在有某行为时便说自己有什么样的心理状态。到了一定的时候，当儿童看到别人在某情况下有什

---

① A. Meltzoff and R. Brooks, "'Like Me' as a Building Block for Understanding Other Minds", in B. Malle et al. (eds.), *Intention and Intentionality*, pp. 171 – 192.

么行为表现时，便会想起自己的第一人称归属，模拟自己的归属过程，进而重构和表征别人的意向状态。①

二 来自反天赋论者的威胁

现代科学特别是发展神经科学中的实验技术成果既可以作为天赋理论的支持论据，也可以作为反天赋理论论据，使得天赋理论变得更加模棱两可。很多生物学家和发展系统理论家认为天赋理论在科学上是不必要的，或者缺乏逻辑性。例如发展系统理论家们认为天赋概念是一个从根本上混淆的概念，不仅是毫无根据的假说，而且其概念核心出现了问题。

另外，反天赋论论者担心天赋论会为罪犯解脱，认为如果人的很多机制以及欲望思维等是天赋的，那么谁应该为犯罪买单？人无法控制自己的意志，还是有自己的意志？有些人认为天赋理论是一种非常危险的思想，因为承认天赋是否就意味着承认人的动物性一面，承认人要受制于动物本能。不过说人有先天的动物冲动并不是在诋毁人类，因为人类具有先天行为模式。比如说倾向于一夫一妻，倾向于夫妻共同抚养后代，倾向于保持身体干净，倾向于用形式化的威胁手段解决争端等，这些不应该说是对人类本性的诋毁。

有些人还认为用动物的本能说明人类，会让人感觉人类本身非常的丑陋。如果人的行为由基因所决定，那么他就只会听从于父母遗传给他的基因。那么如何判断一个人的德性？与这个人本身无关，只与基因有关？有些事情是坏的却是天生的，比如男性身上更强的暴力倾向等，有些事情是好的却不是天生的，比如慷慨和忠诚。如果说暴力犯罪是某人天生的倾向，那么他又何罪之有呢？这只不过是他的定命，而非他的选择。这样使道德的评判很麻烦。因此用自然主义来说明道德显然行不

---

① A. Goldman, "Desire, intention, and the Simulation Theory", in B. Malle et al. (eds.), *Intention and Intentionality*, pp. 207 - 224.

通。一个社会越是人人平等，天生因素就越重要。如果聪明的孩子都上了好大学，得到好工作，而愚蠢的人就落在后面，这样公平吗？

第二节 当代天赋理论存在的缺陷

当代天赋理论在总结概括人工智能、认知科学研究的成果的基础上丰富和发展了传统的关于天赋观念问题的探讨，其积极的意义不可小视。但来自外界的批判使得天赋阵营中存在着强烈的压力，其自身确实有亟须克服的理论缺陷，表现如下。

一是缺乏有力论据，论证不充分。就语言天赋论而言，乔姆斯基的普遍语法更多的是哲学上的思辨，平克的语言本能和福多的语言模块也都只是假说，缺乏实验实证数据。比如平克所提出语言基因，但到目前为止也没有有力的科学证据来说明语言基因的存在。相反，脑科学技术的发展，证明并没有所谓固定的语言区，别的基因也参与了语言过程。另外，对于思想语言这一假说，很多学者对于现有的论证提出质疑。例如有学者指出这一假说太肤浅太不完善，很多好的解释并不付诸思维假说。而且目前的解释还存在不合理的蕴含：要学习一种语言，一个人必须已经知道了一种语言。这种蕴含本身就是对思维语言假说的归谬。因此，天赋理论还需要进一步扩大自己的解释力度，并寻找更有力的证据。

二是过分强调天赋，忽略后天环境。天赋理论学者中也分弱天赋理论、强天赋理论以及极端天赋理论。虽然大多数天赋理论者都承认经验和环境的作用，但仍有少数极端天赋论者否定后天因素作用。比如平克认为语言就是一种人的本能，不是文化的产物。他说："语言的使用，就像苍蝇产卵的合理性一样，根本不是我们自觉的活动。"[1]

---

① 史蒂芬·平克：《语言本能——探索人类语言进化的奥秘》，洪兰译，汕头大学出版社2004年版，第27页。

福多认为输入系统的模块也是先天的，这就忽视了输入系统在发生发展过程中环境对其作用。卡米洛夫－史密斯在批评福多的模块理论时说："脑不是用已有的表征事先构造起来的；它通过和外部环境及它自己的内部环境的互动而逐渐发展表征。……重要的是不要把先天性和出生时就已出现或有关成熟的静止的遗传蓝图的观念等同起来。不论我们强调什么先天成分，它只有通过和环境的互动才能成为我们生物潜能的一部分；在它接受到输入以前，它都是潜在的。而输入又回过来影响发展。"①

三是混淆天赋概念，定义不明确。不同文化背景不同研究领域的天赋理论者给天赋的定义五花八门，在论述过程中也出现了前后混淆，在与经验论论战中时而是这个意义上的天赋时而又是那个意义上的天赋。如此纠缠下去最后是都没有说清楚天赋到底指什么。例如乔姆斯基的普遍语法有时指的是天生的语言知识，有时指的又是天赋语言知识的具体看法。乔姆斯基的语言直观指的是"不言自明的语言能力"。语言能力是说话者具有关于语言的知识，怎么能是不言自明的呢？这样就会出现歧义。另外还混淆了"命题知识"和"技能知识"。这两种知识差异性很大，赖尔在《心的概念》中专门进行了区分。例如："我知道天在下雨"就是"命题知识"，"我知道怎么弹钢琴"就是"技能知识"。② 哈曼（G. Harman）对乔姆斯基的"不言自明的语言能力"这一句子本身提出质疑，认为他混淆了"命题知识"和"技能知识"。因为语言能力是技能，不是"不言自明"的知识。"不言自明"的知识应该是"命题知识"。"乔姆斯基使用'语言能力'这个短语至少包含了两种混淆。他混淆了命题知识和技能知识；他将知道某些句子在语法上是不可接受的、有歧义的等与知道这些语法规则——这些句子是由于它们而不可接受的、有歧义的等——混为

---

① 卡米洛夫－史密斯：《超越模块性——认知科学的发展观》，缪小春译，华东师范大学出版社 2001 年版，第 10 页。

② 吉尔伯特·赖尔：《心的概念》，徐大建译，商务印书馆 2005 年版，第 25、50 页。

一谈。"①

四是陷入理论悖论，解释不给力。就如同福多后期对自己模块理论的否定一样，天赋理论是一个逐渐成熟的过程。在现有的一些理论中不可避免地出现理论上的悖论和难题，这也为经验论者的反驳提供了契机。例如我们承认语言是伴随着思维一起进化的结果，是适者生存的产物，那么现代人的语言和思维也应该继续进化。这样就有人提出了互联网的进化，用互联网扩展人类思维。但关键的问题是人工智能并不是真正的人类智能，如何实现进化？另外，泛模块性论者从进化角度分析思维机制，认为思维是模块性的，而模块性是一种进化的必然性。但他们对于思维模块性的论证也导致了一个悖论：自然选择决定思维的领域特殊性，并将其领域特殊限定在祖先生存环境中的适应性问题上，但是思维领域特殊性的进化论却蕴含着对思维领域特殊性的否定。正如斯帕伯（D. Sperber）所说："许多，也许大部分现代人类思维的领域都过于新颖、过于多样而不可能是通过遗传所规定的模块的特殊领域。""在这种情况下，设想有一种特别的和在遗传上确定的对这些在文化上发展起来的概念领域的准备似乎是荒唐的。"②因为很多领域是新近才出现的，与人类基因组的变化不相关。所以如果根据进化论，现代文化新颖而多样的领域与他们的生存无关，那么思维领域就是非特殊性的。

五是主要考虑智力因素，很少考虑其社会影响。天赋论潜在的影响我们对自身及社会的看法已经非常明显。天赋理论改变了解释的重点从经验进入基因，即从可知的可操作的到无法计算的不变的，似乎支持社会政治态度的更普遍的变化。种族、民族以及性别的不同越来越被看重；社会福利制度无法治愈社会疾病得到更广泛的认识；对平

---

① G. Harman, "Psychological Aspects of the Theory of Syntax", In: S. Stich, *Innate Ideas*, Berkeley: University of California Press, 1975, pp. 172 – 173.

② D. Sperber, "The Modularity of Thought and the Epidemiology of Representations", In: Hirschfeld L. et al., *Maping the Mind*, Cambridge University Press, 1994, p. 40.

等和个人权利观点的抵制；传统道德和家庭观念复苏的要求；这些观点可以在新天赋理论中找到丰富的基础。对于"先天"、"权利"和"必然性"这些概念，保守主义的政治家、道德学家及法官们可以很轻易地找到许多。如果城市的贫困和暴力是由居民的基因组所指定，那么政府部门企图改善这一现状是毫无意义的。如果少数儿童成绩差是由他们低标准的基因所造成的，那么忘记启蒙教育以及其他任何教育改革吧。如果我们社会延续的一夫一妻制度破坏了某些男人的繁殖的生物权利，那么我们应该放宽离婚条例。如果女人天生比男人更少野心，而野心是获得社会地位和经济成功的关键因素，那么性别上的不平等以及女人无形的晋升障碍就得到公认。当然以上种种也是有问题的，因为天赋并不意味着完全不受环境调节的影响。假定某事是对的仅仅是因为它是天生的就会犯了从应然得出必然的谬误。尽管事实上当代天赋理论支持者们有时承认从天赋到政治、伦理或者经济药方没有论据也许毫无论据，但是从某些先天的事宜得出它是正确的这样的推理一直都有，伴随着潜在毁灭性结论。这样就有必要弄清楚什么是天赋理论，以及在何种条件下其主张具有可信度。如果我们不得不从天赋理论中得出社会政治结论，也许我们的倾向是天生的，我们至少务必做到考察这些主张的有效性。

第三节 当代天赋理论的合理性启示

尽管天赋理论当代发展中遇到了瓶颈，但是一点都不影响其合理性对诸多学科的启示作用。学术的进步不仅仅是发现新的理论，更多时候也是提出新的问题，发现新的角度。而当代天赋理论就是这样一个切入点，打开了观念之门，成为新思想的源泉。

一 对自然科学的启示

在人工智能方面，尽管现在计算机模拟人类智能行为方面取得了巨大成就，但是无法真正具有人类智能。人工智能要解决人工语言所带来的局限，突破语言障碍是目前最大的困难。现有的人工智能技术不可能打破计算机语言形式化无矛盾的缺陷，这样我们不得不问：人工智能真的能到达人类智能吗？计算机能否容纳自然语言？

　　在生物遗传学方面，科学家们通过对基因的检测可以发现某些引发遗传性疾病的突变基因。目前已经有1000多种遗传疾病可以通过基因技术进行诊断，有20多种疾病可以进行预测。所有基因检测成为诊断疾病预测疾病风险的一项技术手段。同时由于基因所携带的遗传信息实际上决定了个体特征，在考察人类性格、情感、能力方面也有所应用。

　　意识由什么决定？是遗传的结果，是进化产生的吗？如果意识是大脑的软件，那么与大脑肯定分不开。既然硬件都一样，软件应该是类似的。可现实的问题是世界上不存在完全相同智能的两个人，即使是同卵双胞胎。所以由大脑产生出智能似乎说不通。反之，如果不是进化产生的人类智能，是某种有自由意志的单子决定的（即莱布尼茨的"单子论"），那么大脑活动就是一组神经组织运动。如果是这样，那么只要弄清楚人脑的基本构造就可以完全模拟出类人机器人。人工智能就不再困难。

二　对现代教育的启示

　　现代教育已经从传统的精英走向大众化教育。以往的精英教育也由于教育民主化思潮影响被认为是特权教育，教育平等、教育民主成为主流思想。我们的教育是让更多的处境弱势的学生获得教育的帮助，给予他们帮助和促进。但是教育变得千篇一律机械化生产，人才也是一个模式。这真的是教育的目的吗？对于那些对知识有无尽渴求的孩子来说，平庸的教学方式和无法激起学习欲望的教学内容会成为一种学习浪费。教育的平等不等于教育的平均，只是教育机会的平等。而这就意味着任何一个孩子都有受到与自己能力发展相适应教育的权利，不论是学习困难的孩子还是天才孩童。现在国际竞争越来越激烈，人才的竞争也到了白热化的地步。如何培养具有创新性国际型人才是提高我国社会竞争力的一个重要方面，令人遗憾的是现在的素质教育总是羞羞答答地不愿承认学生在天赋上面的差异。学生的成绩考核也还是一个模式，这样怎么能激发学生发挥自己的天赋呢？因此有必要正面人的天赋，并理直气壮地承认天赋教育，促进大众化教育与精英教育同时前进。美国哈佛大学心理发展学家霍华德·加德纳在1983年提出了儿童教育的多元智能理论。这一理论的理念就是承认个体的差异性，并据此发展各自的智能。这一教育理论越来越受到国内教育学家们的青睐，可见天赋理论在教育教学领域渗透深远。

（一）何为天赋教育

正确的教育应该是什么样？如果一个人认识和了解了自己的天赋特长，并一直有机会运用和发挥自己的天赋特长，人生将会是什么样的呢？被美国《时代周刊》誉为20世纪最伟大圣人之一的印度哲人——克里希那穆提在他的著作《你就是世界》中对教育做了这样的定义：教育最根本的作用就是帮助学生了解自己，找到自己擅长、最热爱做的事。怎样使学生做自己喜欢的、擅长的事呢？首先，了解和识别天赋特长，然后，训练和加强天赋特长，最后，发挥和创造天赋特长价值。

什么是天赋？天赋通俗的说法是指一种特殊的天生能力，学术的定义是指一种解决问题或创造产品的能力，这些问题的解决和产品的创造是能够满足特定社会文化背景下的某些社会团体的需要。所以，天赋是一种处理特定信息的能力，这些能力可以在生物学上找到依据，即在大脑的某个区域是负责这方面的能力。天赋是天生的吗，是经久不变的吗？对于这个问题的回答是：首先，你的天赋是由你大脑中的联结形成的；其次，到了一定的年龄，你大脑的联结就基本保持，很难重新来过（除非脑部受伤后的奇迹恢复）。在一本神经学教科书中有这样描述："行为取决于大脑神经元之间正常联结的形成。"

这段话可以理解为：你的天赋由你的突触所决定。识别孩子天赋特长最好的方法就是在一段时间内由专家持续观察孩子的行为和情感。在准确了解和识别出孩子的天赋特长之后，训练和加强天赋特长，相对来说就比较简单。

（二）如何判断天赋

天赋基因是否可以测试？从理论上说，有可测的可能性，但目前来说基因测试只不过提供可信度比较低的某种倾向。因此，学生天赋的发现更多要靠观察。

另外，天赋理论也告诉我们大脑和行为的密切关系。大脑时时刻刻在解释外界，当外界信息不够时，大脑就从过去储存的经验中找出最能解释目前信息的理由来代替。因此，提供更多的信息扩展学生的知识面是教育中一个非常重要的环节。而学生在能力上并没有性别比较优越之说，只是做哪件事谁比较擅长，个人在认知方式上是不一样的。特别是传统教育中一些要求统一的思维和行为模式的做法是非常不利的，比如左撇子需不需要纠正的问题。因此，学习必须提供动机，没有动机，就没办法让小孩子主动。这样，天赋教育就是对传统教育的一种超越。

那么智力测试能否断定一个人的天赋？尽管智商测试的初衷是要消除各种文化偏见而得出普遍性的结论，但是最终还是会出现排名谬论和测试偏差。例如安德斯·爱立信认为当一个人的智商超过了120，成功更多地取决于其他个人素质。他认为"创造"也就是很多人所认为的创新能力无法用智商来衡量，同时智商仅仅是测出了一个人的潜在能力而已。

20世纪70年代，中国派了访问团考察美国初级教育。回国后对美国教育的评价是：学生无论品德优劣能力高低，无不趾高气扬，踌躇满志，大有"我因我之为我不同凡响"的意味。当时得出的结论是，美国的教育已经病入膏肓，可以预言，再有20年中国必将赶上和超过这个所谓的超级大国。当年美国回访中国小学也写了一份报告：中国学生是世界上最勤奋的，学习成绩是世界上最好的。最后得出结论，中国的教育是最棒的，可以预言，再有 20 年必将把美国远远抛在后面。现在 30 多年过去了，现实告诉我们两家的预言都错了。美国的教育体制培养了几十位诺贝尔奖获得者，而中国却难以培养出这样的人才来。在比较中美学校的各个方面的过程中，我们发现美国教育更重视孩子的各方面的天赋，不论是什么天赋都小心地保护并将其发挥到极致。而中国的教育更看重卷面成绩，天赋看成是智力的高低，过于片面化简单化。用成绩考分的高低来衡量孩子各个方面，不仅不是对孩子的促进，相反是对孩子创造力进取心的伤害。有天赋的孩子在这样的教育中也会磨灭掉。

（三）天赋教育何以可能

天赋教育有无可能呢？对于这一问题的回答应该说是肯定的。加德纳·霍华德的"多元智能"理论扩展了智能的内涵，认为每一个孩子都是潜在的天才，而天才有不同的表现形式。多元智能理论在教育学界的应用，本身也说明了现在国内对于天赋教育的某些认同。当然，如果按照哲学意义上的天赋教育，我们可以理解为：教育的全部要点不是给大脑填充多少信息与事实，而是通过各种生活的训练使其大脑回路蓬勃生长。天赋教育有无可以遵循的方法呢？目前来说，国内外都还在不断地探索天赋教育问题，还没有定论。因为天赋教育的关键在教育的理念，而真正的天赋教育只能是一种理想境界。不过我们可以通过各方面的努力，使我们的教育体制更加完善。具体如下：

首先，国人教育观念的更新。在传统观念里，天才是极少数，普通人都可以通过学习提升各方面的能力；如果提倡天赋教育，那么就会出现教育不公。因此，必须让国人明白：人有天赋上的差异是客观存在的；教育的平等与否是受教育的权利，而不是上同样的课程，更不是把高基质向低的拉平。天赋教育可以使教育者自由选择与自己能力相符的学习，并找到自己努力的方向。与自己为竞争对手，这才是真正的教育平等。所以，要从传统的"天才出于勤奋"的观念中解脱出来，重视儿童教育天赋素质的开发。

其次，社会要支持天赋教育的研究。天赋教育在中国刚刚起步肯定是非常困难的，需要更多的研究结构研究人员进行专门细致化工作。目前我国还没有天赋素质的钻研机构，无论是教育学界还是优生学界。缺乏应有的研究经费和人员，在人才开发上需要加大天赋素质的宣传工作。

再次，支持学校特殊化教育。不要动不动就拿一大二公来衡量现在的教育，大众化教育的今天仅靠学生本人发展个人天赋是不现实的，同样也是资源的浪费。因为天才的标准，不仅仅是天赋、天分、意志，还有其艺术能力、运动能力、社会活动能力、创造力等。那么天才的数量要比想象的要多得多，专门的教育和培养是必需的。

最后，宽容对待教育成效。天赋教育本身没有对教育效果本身的要求，教育的好坏不等于学生成就的高低。评价天赋教育也应如天赋教育本身一样个性化。评价标准可以表现在诸如是否激发学生潜能，是否发挥天赋才能，是否提高学生综合素质等。

主要参考文献

一　马克思主义哲学经典著作

1. 《马克思恩格斯全集》第 19 卷,人民出版社 1956 年版。

2. 《马克思恩格斯全集》第 20 卷,人民出版社 1971 年版。

3. 《马克思恩格斯全集》第 23 卷,人民出版社 1972 年版。

4. 《马克思恩格斯选集》第 1 卷,人民出版社 1995 年版。

5. 《马克思恩格斯选集》第 2 卷,人民出版社 1995 年版。

6. 《马克思恩格斯选集》第 3 卷,人民出版社 1995 年版。

7. 《马克思恩格斯选集》第 4 卷,人民出版社 1995 年版。

8. 马克思:《1844 年经济学—哲学手稿》,人民出版社 1956 年版。

9. 恩格斯:《自然辩证法》,人民出版社 1971 年版。

10. 《列宁全集》第 18 卷,人民出版社 1959 年版。

11. 《列宁全集》第 55 卷,人民出版社 1990 年版。

12. 《列宁全集》第 2 卷,人民出版社 1990 年版。

13. 列宁:《唯物主义与经验批判主义》,人民出版社 1970 年版。

二　佛教经典著作

1. 《成唯识论》卷 3,《大正藏》卷 31,台北:财团法人佛陀教育基金会出版部 1990 年版。

2. 《摄大乘论本》卷上,《大正藏》卷 31,台北:财团法人佛陀教育基金会出版部 1990 年版。

3. 《瑜伽师地论》卷 52,《大正藏》卷 30,台北:财团法人佛陀教育基金会出版部 1990 年版。

4. 无著:《显扬圣教论》,《大正藏》卷 31,台北:财团法人佛陀教育基金会出版部 1990 年版。

5. 释法舫:《法舫文集》第二卷,金城出版社 2011 年版。

三 国内研究专著

1. 高新民:《意向性理论的当代发展》,中国社会科学出版社 2008 年版。

2. 高新民:《心灵的结构——心灵哲学本体论研究》,中国社会科学出版社 2005 年版。

3. 高新民:《现代西方心灵哲学》,华中师范大学出版社 2010 年版。

4. 高新民:《心灵哲学》,商务印书馆 2002 年版。

5. 高新民:《人自身的宇宙之谜》,华中师范大学出版社 1989 年版。

6. 高新民:《心灵与身体——心灵哲学中的新二元论探微》,商务印书馆 2012 年版。

7. 姚鹏:《笛卡尔的天赋观念论》,求实出版社 1986 年版。

8. 冯俊:《开启理性之门:笛卡尔哲学研究》,中国人民大学出版社 1989 年版。

9. 田平:《自然化的心灵》,湖南教育出版社 2000 年版。

10. 唐热风:《心·身·世界》,首都师范大学出版社 2001 年版。

11. 彭孟尧:《人心难测:心与认知的哲学问题》,生活·读书·新知三联书店 2006 年版。

12. 章士嵘:《心理学哲学》,社会科学文献出版社 1996 年版。

13. 章士嵘:《认知科学导论》,人民出版社 1992 年版。

14. 刘高岑:《当代科学意向性》,科学出版社 2006 年版。

15. 刘高岑：《从语言分析到语境重建》，山西科学技术出版社 2003 年版。

16. 熊哲宏：《认知科学导论》，华中师范大学出版社 2002 年版。

17. 熊哲宏：《皮亚杰理论与康德先天范畴体系研究》，华中师范大学出版社 2002 年版。

18. 魏屹东：《认知科学哲学问题研究》，科学出版社 2008 年版。

19. 刘景钊：《意向性：心智关指世界的能力》，中国社会科学出版社 2005 年版。

20. 赵南元：《认知科学揭秘》，清华大学出版社 2002 年版。

21. 丁俊：《心身关系与进化动力论》，中国科学技术大学出版社 2003 年版。

22. 郭贵春等：《当代科学哲学的发展趋势》，经济科学出版社 2009 年版。

23. 郭贵春：《隐喻、修辞与科学解释：一种语境论的科学哲学研究视角》，科学出版社 2007 年版。

24. 霍涌泉：《意识心理学》，上海教育出版社 2006 年版。

25. 唐孝威：《意识论——意识问题的自然科学研究》，高等教育出版社 2004 年版。

26. 陈修斋：《欧洲哲学史上的经验主义和理性主义》，人民出版社 2007 年版。

27. 赵国求：《奇妙的思维：思维过程物质基础探源》，湖北人民出版社 2000 年版。

28. 郭齐勇：《中国哲学史》，高等教育出版社 2006 年版。

29. 韩明友：《先验心理——人类心灵深处的秘密》，科学出版社 2007 年版。

30. 杨耕：《为马克思辩护——对马克思哲学的一种新解读》，北京师范大学出版社 2004 年版。

31. 汪云九：《意识与大脑：多学科研究及其意义》，人民出版社

2003 年版。

32. 陈嘉应：《语言哲学》，北京大学出版社 2003 年版。

33. 徐烈炯：《生成语法理论：标准理论到最简方案》，上海教育出版社 2009 年版。

34. 蔡曙山、邹崇理：《自然语言形式理论研究》，人民出版社 2010 年版。

35. 桂诗春：《新编心理语言学》，北京大学出版社 2003 年版。

36. 李孝忠：《能力心理学》，陕西人民教育出版社 1985 年版。

37. 刘润清：《西方语言学流派》，外语教学与研究出版社 1997 年版。

38. 张春兴：《心理学思想的流变——心理学名人传》，上海教育出版社 2002 年版。

39. 唐钺：《西方心理学史大纲》，北京大学出版社 1994 年版。

40. 北京大学哲学系外国哲学史教研室：《西方哲学原著选读》，商务印书馆 2005 年版。

41. 倪良康：《意识的向度——以胡塞尔为轴心的现象学问题研究》，北京大学出版社 2007 年版。

42. 倪良康：《自识与反思——近现代西方哲学的基本问题》，商务印书馆 2006 年版。

43. 史忠植：《智能主体及其应用》，科学出版社 2000 年版。

44. 史忠植、王文杰：《人工智能》，国防工业出版社 2007 年版。

45. 阮晓钢：《神经计算科学》，国防工业出版社 2006 年版。

46. 中央党校编写小组：《唯心论的先验论资料选编》，商务印书馆 1973 年版。

47. 《成唯识论校释》，韩廷杰注、玄奘译，中华书局 1998 年版。

48. 太虚：《法相唯识学》，商务印书馆 2004 年版。

49. 释印顺：《唯识学探源》，中华书局 2011 年版。

50. 方立天：《中国佛教哲学要义》，中国人民大学出版社 2005 年版。

51. 周贵华：《唯心与了别》，中国社会科学出版社 2004 年版。

52. 周贵华：《唯识通论——瑜伽行学义诠》，中国社会科学出版社
    2009 年版。
53. 杨维中：《中国唯识宗通史》，凤凰出版社 2008 年版。
54. 姚卫群：《印度宗教哲学概论》，北京大学出版社 2006 年版。
55. 姚卫群：《佛教思想文化》，北京大学出版社 2009 年版。
56. 李润生：《唯识种子学说》，罗时宪弘法基金 2012 年版。

四 译著

1. 柏拉图：《柏拉图全集》第一卷，王晓朝译，人民出版社 2002
   年版。
2. 《亚里士多德全集》，苗力田等译，中国人民大学出版社 1991
   年版。
3. 笛卡尔：《第一哲学沉思录》，庞景仁译，商务印书馆 1998 年版。
4. 笛卡尔：《谈谈方法》，王太庆译，商务印书馆 2001 年版。
5. 洛克：《人类理解论》，关文运译，商务印书馆 1983 年版。
6. 莱布尼茨：《人类理智新论》，陈修斋译，商务印书馆 1996 年版。
7. 康德：《判断力批判》，邓晓芒译，人民出版社 2002 年版。
8. 康德：《任何一种能够作为科学出现的未来形而上学导论》，庞景
   仁译，商务印书馆 1997 年版。
9. 康德：《康德〈纯粹理性批判〉解义》，韦卓民译，华中师范大学
   出版社 2000 年版。
10. 斯宾诺莎：《知识改进论》，贺麟译，商务印书馆 2000 年版。
11. 黑格尔：《美学》第一卷，朱光潜译，商务印书馆 1996 年版。
12. 维特根斯坦：《哲学研究》，李步楼译，商务印书馆 1996 年版。
13. 约翰·海尔：《当代心灵哲学导论》，高新民等译，中国人民大学
    出版社 2006 年版。
14. 赫根汉：《心理学史导论》，郭本禹等译，华东师范大学出版社
    2004 年版。

15. 霍华德·加德纳：《心灵的新科学》，周晓林等译，辽宁教育出版社 1989 年版。

16. 保罗·萨加德：《认知科学导论》，朱菁译，中国科学技术大学出版社 1999 年版。

17. 蒯因：《语词与对象》，陈启伟等译，中国人民大学出版社 2005 年版。

18. 唐纳德·戴维森：《真理、意义、行动与事件》，牟博编译，商务印书馆 1993 年版。

19. 约翰·麦克道维尔：《心灵与世界》，刘叶涛译，中国人民大学出版社 2006 年版。

20. 希拉里·普特南：《理性、真理与历史》，童世骏等译，上海译文出版社 2005 年版。

21. 哥德弗雷-史密斯：《心在自然中的位置》，田平译，湖南科学技术出版社 2001 年版。

22. 罗杰·彭罗斯：《皇帝新脑——有关电脑、人脑及物理定律》，许明贤等译，湖南科学技术出版社 1996 年版。

23. 司马贺（西蒙）：《人类的认知——思维的信息加工理论》，荆其诚等译，科学出版社 1987 年版。

24. 司马贺（西蒙）：《人工科学》，武夷山译，上海科技教育出版社 2004 年版。

25. 弗雷德·艾伦·沃尔夫：《精神的宇宙》，吕捷译，商务印书馆 2005 年版。

26. 约翰·波洛克、乔·克拉兹：《当代认识论》，陈真译，复旦大学出版社 2008 年版。

27. 卢西亚若·弗洛里迪：《计算与信息哲学》，刘钢等译，商务印书馆 2010 年版。

28. 伽森狄：《对笛卡尔〈沉思〉的诘难》，庞景仁译，商务印书馆 1997 年版。

29. 威廉·卡尔文：《大脑如何思维：智力演化的今夕》，杨雄里、梁培基译，上海科技出版社 2007 年版。

30. 史蒂芬·平克：《语言本能——探索人类语言进化的奥秘》，洪兰译，汕头大学出版社 2004 年版。

31. 《乔姆斯基语言哲学文选》，徐烈炯等译，商务印书馆 1992 年版。

32. 约翰·C. 埃克尔斯：《脑的进化：自我意识的创生》，潘泓译，上海科技教育出版社 2005 年版。

33. 理查德·利基：《人类的起源》，吴汝康等译，上海科学技术出版社 1997 年版。

34. 福多：《心理模块性》，李丽译，华东师范大学出版社 2002 年版。

35. 卡米洛夫 – 史密斯：《超越模块性——认知科学的发展观》，缪小春译，华东师范大学出版社 2001 年版。

36. 理查德·道金斯：《自私的基因》，卢允中等译，中信出版社 2012 年版。

37. 马特·里德利：《先天，后天：基因、经验，及什么使我们成为人》，陈虎平，严成芬译，北京理工大学出版社 2005 年版。

38. 戴维·弗里德曼：《制脑者》，张陌、王芳博译，生活·读书·新知三联书店 2001 年版。

39. 梅洛 – 庞蒂：《知觉现象学》，姜志辉译，商务印书馆 2001 年版。

40. 查尔默斯：《科学究竟是什么》，邱仁宗等译，商务印书馆 1982 年版。

41. 卡尔·波普尔：《猜想与反驳》，傅季重等译，上海译文出版社 2005 年版。

42. 耿宁：《心的现象——耿宁心性现象学研究文集》，倪良康等编译，商务印书馆 2012 年版。

43. 霍金斯、布拉克斯莉：《人工智能的未来》，贺俊杰等译，陕西科技出版社 2006 年版。

44. 塞尔：《心灵的再发现》，王巍译，中国人民大学出版社 2005 年版。

45. 塞尔：《心、脑与科学》，杨音莱译，上海译文出版社 1991 年版。

46. 塞尔：《心灵、语言与社会》，李步楼译，上海译文出版社 2001 年版。

47. 胡塞尔：《纯粹现象学通论》，李幼蒸译，商务印书馆 1995 年版。

48. 胡塞尔：《欧洲科学的危机与超越论的现象学》，王炳文译，商务印书馆 2001 年版。

49. 胡塞尔：《逻辑研究》第二卷第二部分，倪梁康译，上海译文出版社 2006 年版。

50. 丹尼特：《心灵种种》，罗军译，上海科学技术出版社 1999 年版。

51. 埃德尔曼等：《意识的宇宙》，顾凡及译，上海科学技术出版社 2004 年版。

52. 赖尔：《心的概念》，刘建荣译，上海译文出版社 1988 年版。

53. M. Dorigo 等：《蚁群算法》，张军等译，清华大学出版社 2007 年版。

54. 皮利辛：《计算与认知》，任晓明等译，中国人民大学出版社 2007 年版。

55. 西蒙：《人工科学》，武夷山译，上海科技教育出版社 2004 年版。

56. 罗姆·哈瑞：《认知科学哲学导论》，魏屹东译，上海科技教育出版社 2006 年版。

57. 博登：《人工智能哲学》，刘西瑞等译，上海译文出版社 2001 年版。

58. 哈肯：《大脑工作原理》，郭治安、吕翎译，上海科技教育出版社 2000 年版。

59. 本杰明·里贝特：《心智时间：意识中的时间因素》，李恒熙等译，浙江大学出版社 2013 年版。

60. 施太格缪勒：《当代哲学主流》下卷，王炳文等译，商务印书馆

2000 年版。

61. 威尔逊：《MIT 认知科学百科全书》，上海外语教育出版社 2000 年版。

62. 梯利：《西方哲学史》，葛力译，商务印书馆 1995 年版。

63. J. G. 尼克尔斯等：《神经生物学——从神经元到脑》，杨雄里等译，科学出版社 2003 年版。

64. M. F. Bear 等：《神经科学——探索脑》，王建军等译，高等教育出版社 2004 年版。

65. 苏珊·布莱克摩尔：《谜米机器》，高申春等译，吉林人民出版社 2001 年版。

66. 恩斯特·迈尔：《进化是什么》，田洺译，上海科学技术出版社 2003 年版。

67. 凯恩斯·史密斯：《心智的进化》，孙岳译，中国对外翻译出版公司 2000 年版。

68. 苏珊·格林菲尔德：《人脑之谜》，杨雄里等译，上海科学技术出版社 1998 年版。

69. 赫尔曼·哈肯：《大脑工作原理——脑活动、行动和认知的协同学研究》，郭治安等译，上海科技教育出版社 2003 年版。

五 外文参考资料

1. S. Stich, *Innate Ideas*, Berkeley：University of California Press, 1975.

2. S. Guttenplan, *A Companion to the Philosophy of Mind*, Cambridge, Mass：Wiley-Blackwel, 1996.

3. R. Samuels, "Is Innateness a Confused Concept", In ：Carruthers P. et al. , *The Innate Mind：Foundations and the Future*, New York：Oxford University Press, 2007.

4. Bateson, "The Origins of Human Differences", *Daedalus*, 2004.

5. L Jeffery Elman, Elizabeth A. Bates, Mark H. Johnson, Annette Karniloff-

Smith, Domenico Parisi, *Kim Plunkett*: *Rethinking Innateness*: *A connectionist perspective on development*, Cambridge: The MIT Press, 1996.

6. N. Chomsky, *Reflection on Language*, Pantheon, 1975.

7. N. Chomsky, *Rules and Representation*, Columbia University Press, 1980.

8. Radcliffe-Richards J., *Human Nature after Darwin*, Routledge, 2000.

9. R. Roediger, "What happened to Behaviorism", *American Psychological Society*, 2004.

10. S. McDonald and M. Ramscar, "Testing the distributional hypothesis: The influence of context on judgements of semantic similarity", In *Proceedings of the 23rd Annual Conference of the Cognitive Science Society*, 2001.

11. H. Clapin, "Introduction", in H. Clapin（ed.）, *Philosophy of Mental Representation*, Oxford: Clarendon Press, 2002.

12. B. Beakley, *The Philosophy of Mind*: *Classical Problems/Contemporary Issues*, Cambridge, Mass: The MIT Press, 2006.

13. N. Chomsky, *Reflection of Language*, New York: Pantheon, 1975.

14. H. Putnam, *The "innateness hypothesis" and explanatory models in linguistics*, In Stich, 1975.

15. G. Harman, "Linguistic competence and empiricism", In *Language and Philosophy*, ed. S. Hook, New York: NYU Press, 1969.

16. W. V. Quine, *Linguistics and philosophy*, Lecture, Reprinted in Stich, 1975.

17. D. Bickerton, *Language and Human Behavior*, Seattle: University of Washington Press, 1995.

18. H. Putnam, "Computational Psychology and Interpretation Theory", in D. Rosenthal（ed.）, *The Nature of Mind*, Oxford University Press, 1991.

19. D. Dennett, "True believers: The Intentional Strategy and Why it Works", in D. Rosenthal (ed.), *The Nature of Mind*, Oxford University Press, 1991.

20. J. Fodor, *The Mind Doesn't Work That Way*, MIT Press, 2001.

21. J. Prinz, "Is the Mind Really Modular?" In: Station R., *Contemporary Debates in Cognitive Science*, Malden: Blackwell Publishing Ltd., 2006.

22. D. Sperber, "The Modularity of Thought and the Epidemiology of Representational", In: Hirshfeld L. et al., *Mapping the Mind: Domain Specificity in Cognition and Culture*, New York: Cambridge University Press, 1994.

23. P. Carruthers, "The Case for Massively Modular Models of Mind", In: Station R. *Contemporary Debates in Cognitive Science*, Malden: Blackwell Publishing Ltd., 2006.

24. R. J. Bogdan, *Grounds for Cognition*, New Jersey: Lawrence Erbaum Associates, Inc. Publishers, 1994.

25. R. J. Bogdan, *Minding Mind*, Cambridge, MA: MIT Press, 2000.

26. E. Thelen, G. Schoner, C. Scheier, and Smith, L. B., "The dynamics of embodiment: A field theory of infant preservative reaching", *Behaviorl and Brain Sciences*, No. 24, 2001.

27. T. Burge, "Wherein is Language Social?", in C. A. Anderson et al. (eds.), *Propositional Attitudes*, Stanford University: CSLI, 1990.

28. J. Fodor, "A Obervation Reconsidered", *Philosophy of Science*, No. 4, 1984.

29. J. Fodor, *The Modularity of Mind: An Essay in Faculty Psychology*, Cambridge: The MIT Press, 1983.

30. F. Cowie, *What's Within? Nativism Reconsidered*, New York: Oxford University Press, 1999.

31. P. Carruthers, S. Laurence and S. Stich, *The Innate Mind: Structure and Contents*, New York: Oxford University Press, 2005.

32. P. Carruthers, S. Laurence and S. Stich, *The Innate Mind: Volume 2: Culture and Cognition*, New York: Oxford University Press, 2006.

33. P. Carruthers, S. Laurence and S. Stich, *The Innate Mind: Volume 3: Foundations and the Future*, New York: Oxford University Press, 2007.

34. R. J. Matthews, "The case for Linguistic Nativism", In: Stainton R. J., *Contemporary Debate in Cognitive Science*, Malden, MA: Blackwell Publishing, 2006.

35. M. Piatelli-Palmarini ed., *Language and Learning: The Debate Between Jean Piaget and Noam Chomsky*, Routledge, 1975.

36. L. Cosmides, & J. Tooby, "Cognitive adaptations for social exchange", In J. Barkow, L. Cosmides, & J. Tooby (eds.), *The adapted mind: Evolutionary psychology and the generation of culture*, New York: Oxford University Press, 1992.

37. H. Putnam, *The "Innateness Hypothesis" and Explanatory Models in Linguistics*, 1967.

38. M. Shanahan, *Embodiment and the inner life*, New York: Oxford University Press, 2010.

39. S. Carey, *The Origin of Concepts*, New York: Oxford University Press, 2009.

40. M. E. Bratman, *Intentions, Plans, and Practical Reason*, Cambridge: Harvard University Press, 1987.

41. C. McGinn, *Mental Content*, Oxford: Blackwell, 1989.

42. P. Jacob, *What Minds Can do*, Cambridge: Cambridge University Press, 1997.

43. Churchland, P. M. (1981), "Eliminative Materialism and the Prosi-

tional Attitudes", In Rosenthal, D. (ed.), *The Nature of Mind*, Oxford: Oxford University Press, 1991.

44. R. Wilson, *Boundaries of the Mind*, Cambridge: Cambridge University Press, 2004.

45. B. Libet, *Mind Time: The Temporal Factor in Consciousness*, Cambridge: Harvard University Press, 2004.

46. J. Prinz, *Furnishing the Mind*, Cambridge, MA: The MIT Press, 2002.

47. G. Fauconnier and M. Turner, "Conceptual Integration Networks", *Cognitive Science*, Volume 22, No. 2 (April-June 1998).

48. R. Samuels, "Is Innateness a Confused Concept", In : Carruthers P. et al., *The Innate Mind: Foundations and the Future*, New York: Oxford University Press, 2007.

49. E. Thompson, A. Lutz & D. Cosmelli, "Neurophenomenology: An Introduction for Neurophilosophers", In A. Brook, K. Akins (eds.), *Cognition and the Brain: the Philosophy and Neuroscience Movement*, New York and Cambridge: Cambridge University Press, 2005.

50. M. Scheutz, *Computationalism: New Directions*, Cambridge, MA: MIT Press, 2002.

51. J. Haugeland, "Authentic Intentionality", in M. Scheutz, *Computationalism: New Directions*, Cambridge, MA: MIT Press, 2002.

52. P. Smolensky, "On the Proper Treatment of Connectionism", in C. and G. Macdonald (eds.), *Connectionism*, Oxford: Blackwell, 1995.

后　记

　　如果后记是对博士生活的一种反思和批判的话，那么我一直在写。博士毕业转眼已经一年了，回想当初博士求学及论文写作背后的艰辛、苦涩、欢笑和感恩都如同电影一般历历在目。有人说，学术之路就是一条"朝圣"之路。这条路荆棘满布，我也是亦步亦趋，相寻梦里路，洒泪落花中。

　　人的成长需要契机，感谢恩师高新民教授给了我人生超越的契机！他的哲学素养、钻研精神、严谨学风以及高尚品格都是我学习的榜样。记得最初高老师问我为何选择心灵哲学，无知无畏的我信心满满。可是，当我面对浩瀚无边的心灵哲学时，忽然发现自己根本是要从零开始。幸亏有高老师耐心而细致的引导，师兄师姐们毫无保留的帮助和鼓励，我慢慢开始进入心灵哲学这个独特的领域。

　　记得第一次参加由高老师主持的读书报告会时，我一片茫然地听着师兄师姐们就意向性问题与人工智能问题唇枪舌剑。后来才知道，读书报告会是高老师一贯的传统。而我就这样以最快捷的方式了解到了心灵哲学最新最前沿的思想。尽管很多时候我还一知半解，但是一年年的坚持，耳濡目染之下我渐渐进入这片广阔的学术天地。先生对华师"心灵与认知中心"提出的总目标是16字方针：志同道合、一心一意、勇猛激进、争创一流。而先生本人就是这16字方针最好的诠释。

首先，我感受最深的是先生对学生的真诚和负责的态度。先生说志同道合，寄予学生真正读书做学问，实际上是对学生的一种爱护和鞭策。先生用自己的亲身经历和体会鼓励我们的学术自信，用每两周一次的报告会或讨论会鞭策我们进步，用他那独有的人生哲学帮助我们扫除烦恼。这点点滴滴都饱含着先生无私的付出。先生说志同道合，也就意味着志不同道不合。所以，先生对名利一直都非常淡泊。他创办的逸华教育基金近十年来帮助了许许多多的大中小学生完成学业。有记者想要采访先生，都被先生一一婉拒。他总说快乐行善，行善快乐。这种幸福观和价值观无时无刻不在影响着我们。

接着，是先生对学术的忠诚和热爱。先生说，作为一名学者就要真正成为一名学者，对学术要有一心一意的忠诚，"衣带渐宽终不悔，为伊消得人憔悴"。他自己就是最好的榜样，一年365天平均每天读书学习6—7个小时。他说书中自有颜如玉，书中自有黄金屋。这是属于学者独有的快乐。先生认为一心一意既是做学问的态度，也是方法。一心一意少杂念才能静心，就好像参禅一样可以集中精力提高效率。

然后，是先生勇猛精进的科学精神和读书方法。先生手把手地带我们进入心灵哲学之门，将他自己的手稿一本本地给我们传阅，教会我们读书的方法、记笔记的方法、思考的方法以及如何写文章的方法。这些看似简单无奇，却是句句箴言。现在重翻笔记，满眼都是先生的雄心伟志和勇猛精进。

本书从选题、构思到写作的每个细小环节，无不得到了高老师悉心的指导。而以上这些有形的还是无形的东西，都是先生交给学生的。这将是我人生中永远的印记，一直激励着我往前走。

衷心感谢我的硕士导师卢翼翔先生。老先生学问的高度和深度都给我深深的震撼。三年的读研生活，老先生教给我太多。可以说科学研究的方法以及科学精神的培养是从先生这里开始的。虽然毕业多年，但卢老师对我的指导和关心还和当年一样。

　　此外，还要感谢林剑教授、叶泽雄教授和龙静云教授，他们在课堂内外的讲授丰富了我的专业知识，也传授了学习科研的方法。感谢导师组各位老师们在开题报告会上对论文的构思提出了指导性意见以及中肯的批评意见，让我的论文写作受益匪浅。

　　非常感谢我的同门们，是他们让我在华师的日子充实而无憾。殷筱师姐博学而精思，学术上的女汉子，生活中的萌妹子。当她得知我准备写天赋理论后，慷慨地将她辛辛苦苦收集的所有天赋理论相关资料转给了我。拿着沉甸甸的资料，满满的是对师姐的感激。宋荣师姐博学多才、慎思笃行，英文水平也是非常之高。她的观点总是那么的犀利，视角总是那么独特，每次谈话都能激发新的思考。每当我气馁退缩之时，她总在一旁不停地打气。王世鹏师弟和张卫国师弟都是查找资料的好手，他们教会了我如何使用工具下载英文文档，并多次帮忙安装书籍软件。还要感谢刘占峰、杨足仪、刘明海、赵泽林、蒙锡岗、陈丽、熊桂玉、江雨等同门无私的帮助。无论是读书报告会上他们思想火花的碰撞，还是茶余饭后颇具学术价值的调侃、斗嘴和讨论都让我觉得在理论拓宽方面收获良多。

　　还要感谢我的家人，正是他们的理解和支持，才能让我安心完成这几年的学业，才能集中精力专心撰写论文。同时，我还要最诚挚地感谢武汉纺织大学，感谢马克思主义学院，感谢各位领导和同事对我学习上的鼓励和支持，还有生活上的关心和照顾！我很庆幸自己能在这样一个充满活力、团结友爱的大家庭中工作，很庆幸遇到了那么多良师益友！

　　最后，本书引用和借鉴了大量研究成果，在此本人对于所引用文献资料的所有作者一并表示真诚的感谢。由于本人才疏学浅，文章中不免疏漏、错误、不妥之处，敬请各位专家学界同仁不吝批评指正。

李艳鸽

2014 年 6 月 15 日